曾国藩家风观及其当代意义研究

陈　娟 ◎著

東南大學出版社
SOUTHEAST UNIVERSITY PRESS
·南京·

内容提要

曾国藩家训反映了曾国藩一生的主要人生智慧和经历，是他治军、治家、治学、处世之道的反映。本书从立德树人的角度对曾国藩家训及其当代价值进行研究，主要包括绪论、传统家训及其立德树人之道、曾国藩家训及其立德树人思想的形成、曾国藩家训立德树人之道的思想体系、曾国藩家训立德树人之道的现实价值、曾国藩家训立德树人之道的当代启示六个部分的内容。全面剖析了曾国藩家训所蕴含的立德树人思想，对当代的家风建设、现代家庭教育、个人品德的提升提供了重要借鉴。

图书在版编目(CIP)数据

曾国藩家风观及其当代意义研究 / 陈娟著. —南京 ：东南大学出版社，2025. 8. —ISBN 978-7-5766-2038-2

Ⅰ. B823.1

中国国家版本馆 CIP 数据核字第 20258S6M81 号

曾国藩家风观及其当代意义研究

Zeng Guofan Jiafengguan Jiqi Dangdai Yiyi Yanjiu

著　　者：陈　娟
出版发行：东南大学出版社
策划编辑：陈　跃
责任编辑：胡　炼　**责任校对**：张万莹　**封面设计**：毕　真　**责任印制**：周荣虎
出 版 人：白云飞
社　　址：南京市四牌楼 2 号(邮编：210096　电话：025－83793330)
经　　销：全国各地新华书店
印　　刷：南京迅驰彩色印刷有限公司
开　　本：700 mm×1000 mm　1/16
印　　张：12.25
字　　数：233 千字
版　　次：2025 年 8 月第 1 版
印　　次：2025 年 8 月第 1 次印刷
书　　号：ISBN　978-7-5766-2038-2
定　　价：116.00 元

本社图书若有印装质量问题，请直接与营销部联系，电话：025－83791830。

前言

家训文化作为中华优秀传统文化的重要组成部分，承载着数千年来中华民族家庭教育的智慧结晶，是连接个人修身、家庭建设与社会治理的重要纽带。在中华文明的历史长河中，家训不仅规范着家族成员的行为准则，更通过代际传承塑造着民族的精神品格。曾国藩家训作为中国传统家训文化的集大成者，以其系统完备的思想体系和丰富多样的实践方法，为我们研究传统家训的现代价值提供了典型样本。当前，在现代化进程中面临道德教育困境的背景下，重新审视曾国藩家训的立德树人之道，不仅具有重要的学术价值，更具有深远的现实意义。

传统家训文化植根于中国特有的社会土壤之中。自给自足的农耕经济为家训传承提供了稳定的物质基础，家国同构的宗法制度构建了其运行的政治环境，而以儒学为核心的传统文化则奠定了其思想根基。在这种社会背景下形成的家训体系，蕴含着丰富的道德准则：从个人层面的慎独自省、立志勉学，到家庭关系的孝老爱亲、兄友弟恭；从处世之道的勤俭持家、重信重义，到社会交往的和待乡邻、造福乡里；再到国家层面的尽忠报国、清正廉明，构成了一个由内而外、由私及公的完整道德体系。这些道德规范通过家训这一载体代代相传，在历史上发挥了塑造民风、凝聚精神、维系和谐、传承文化的重要功能，成为中华文明绵延不绝的内在支撑。

曾国藩家训的产生与发展，既是对这一悠久传统的继承，又具有鲜明的时代特色和个人印记。作为晚清重臣，曾国藩经历了从科举入仕到组建湘军、从地方官员到朝廷重臣的丰富人生历程。早年科举之路的坎坷磨砺了他的意志品质，居京为官的岁月深化了他的理学修养，湘军戎马生涯锤炼了他的实践智慧，晚年功成身退则促使其思想臻于圆融。贯穿其一生的“立德、立功、立言”追求，使他的家训思想既有深厚的理论根基，又充满强烈的实践品格。《曾国藩家书》作为其家训思想的主要载体，既继承了儒家经典的精髓，又融入了个人独特的人生体验，形成了独具特色的思想体系。这一思想体系的形成，既得益于儒家思想的长期熏陶，也受到湖湘文化的深刻浸润；既有曾氏父辈言传身教的影响，也凝聚了良师益友的思想交流，是多种因素共同作用的产物。

曾国藩家训立德树人之道的思想体系具有严密的逻辑结构。在价值论层面，它以“内圣外王”为核心理念，强调通过内在德性修养实现外在事功成就；在规范体系方面，提出了“勤、俭、刚、明、忠、恕、谦、浑”等具体德目，以及“孝致祥、勤致祥、恕致祥”的实践准则，形成了以“清、慎、勤”为要义的为官之道；在方法论上，则主张通过外学、内省、砺行相结合的方式实现道德修养，体现了知行合一的实践智慧。这一体系涵盖了读书治学、为官从政、修身立德、齐家治生等人生各个重要领域，既继承了传统儒家的道德理想，又针对现实问题提出了切实可行的解决方案，显示出强烈的现实关怀和实践导向。

在当代社会转型期，道德教育面临着前所未有的挑战。现代性带来的个人主义倾向消解了传统道德权威，工具理性的过度扩张导致道德人格的扭曲，独白式的教育方式难以激发道德主体的自觉性。这些困境呼唤我们重新审视传统家训文化中蕴含的教育智慧。曾国藩家训立德树人之道所强调的现实性权威建构、人性化教育本位、生活化教育方法和主体性教育图式，为我们破解当代道德教育困境提供了重要启示。特别是在官德修养方面，其“勤恕廉明”的为官之道、“德重于才”的用人之道、“公以驭下”的治兵之道，对当前干部队伍建设仍具借鉴价值；在道德教育方面，其注重日常实践、强调慎独内省、倡导知行合一的教育方法，为改进现代德育模式提供了有益参考；在读书治学方面，其“贵在有志、有识、有恒”的学习态度和“修德、明理、晓事”的治学宗旨，对纠正功利化学习倾向具有警示作用。

本研究立足于传统家训文化的整体视野，以曾国藩家训为具体研究对象，通过系统梳理其思想渊源、形成过程、体系结构和实践方法，深入挖掘其中蕴含的现代价值。研究将采用文献研究、历史分析、比较研究等方法，在准确把握传统家训文化共性的基础上，突出曾国藩家训的个性特征；在客观呈现其历史局限的同时，着重探讨其现代转化路径。我们相信，这一研究不仅有助于深化对传统家训文化的理论认识，也能够为当代家风建设、道德教育和人才培养提供历史借鉴，对推动中华优秀传统文化的创造性转化和创新性发展具有积极意义。在建设社会主义现代化强国的新征程上，汲取曾国藩家训等传统智慧精华，对于培育和践行社会主义核心价值观、构建新时代家庭文明、提升全社会道德水平，都将产生深远影响。

陈娟

2025 年 3 月

目 录

曾国藩（1811—1872年）

曾国藩(1811—1872 年),字伯涵,号涤生,湖南湘乡(今双峰县荷叶镇)人,晚清著名政治家、军事家、理学家。湘军创始人与统帅,被誉为“中兴名臣”之一。他以儒家思想治军、齐家、治国,主张修身为本、忠恕为要,深刻影响晚清政局与社会变革。

绪 论

一、研究背景

党的十八大以来，习近平总书记对家庭教育的重要论述，深刻揭示了家庭教育对于国家与民族未来的重要性。家庭作为社会的基本单元，不仅是个人成长的摇篮，更是社会稳定与国家繁荣的微观基础。家庭教育在个体成长中扮演着至关重要的角色。它不仅关乎知识的传授，更关乎品德的塑造。

个人修养，尤其是道德修养，是家庭教育的核心目标之一。道德修养不仅是个人品德的体现，也是社会交往的基础。在哲学的探讨中，虽然关于道德本质的认识存在不同的观点，但教育在道德塑造过程中的重要作用是毫无争议的。因此，加强家庭教育，注重个人修养的培育，特别是修身立德，是提升个体品德、促进社会和谐与国家繁荣的重要途径。

曾国藩是中国近代历史上的杰出人物，其家庭教育观念深刻而富有影响力，成为那个时代家庭教育的典范。他的思想在家书、家训和日记中得到了充分的展现，其中蕴含着丰富的立德树人思想。曾国藩尤其重视对子弟修身立德的培育，他倡导"勤俭持家""谦逊做人""诚信待人"等传统美德，并强调通过日常生活中的实际行动来塑造道德风貌。

曾国藩特别强调家风对于立德树人的重要作用，主张通过良好的家风来培育子弟的道德观念和社会责任感。他提倡立德树人应当循序渐进，从孩童时期开始、从小处着手，逐步引导他们树立正确的价值观和道德观。曾国藩家训中的立德树人思想，不仅在其家族中代代相传，也为当代家庭提供了丰富的教育智慧和现实启迪。通过细致剖析曾国藩家训中的立德树人思想，我们能够从中提炼出有益的家风建设思想精华，从而为现代家庭教育带来现实启发，有助于推动个人品德与社会道德水准的提升。

二、研究现状

（一）国内研究

1. 关于传统家书的研究

在家书作品的精选与编纂领域，众多著作成果显著，它们不仅丰富了文化遗产，还促进了读者对古代家书精髓的理解与精品的欣赏。

以下是对几部重要著作的概述，它们在保留原文精髓的同时，通过不同的编纂方式，为读者提供了丰富的阅读体验：《古代家书精华》（王人恩编著，甘肃教育出版社，2012 年 10 月）精心挑选了 55 篇具有代表性的古代家书，为读者呈现了一个跨越时代的家书精选集。《古代家书选》（陈桂芳、周中仁、戴启儒编注，漓江出版社，1984 年 8 月）则覆盖了从西汉至清末长达两千多年的家书历史，收录了六十二位作者的七十五篇家书，其中包括诸葛亮的《诫子书》，展示了不同历史时期的家书风貌。《历代书信赏析》（李茂肃编著，明天出版社，1989 年 1 月）则侧重于赏析角度，精选了 42 篇家书作品，如马援的《诫兄子严、敦书》、夏完淳的《狱中上母书》和林觉民的《与妻书》，通过赏析带领读者深入体会家书中的情感与智慧。《古代书信精选》（陈霞村、李国锋编选，三晋出版社，2010 年 9 月）在选录上更为广泛，从先秦汉魏到宋元明清，精选了七十多篇优秀作品，如司马迁的《报任安书》、陶渊明的《与子俨等疏》等，展现了历代书信的多样性和深度。《万金家书》（商友敬、商友仁编著，上海人民出版社，2002 年 2 月）则按类别划分，包括古代帝王、名人、学者和文人的家书，选录了大量珍贵家书作品，如刘备的《戒子》、王修的《诫子书》，为读者提供了全面了解古代家书文化的窗口。

这些著作在编纂过程中，注重家书的真实性，并通过简介、注译和简要评析等方式，拉近了读者与原作的距离，使读者能够更深入地理解和欣赏这些名篇佳作。这些著作不仅具有宝贵的文学和史学价值，也为专业学术研究和资料查阅提供了极大的便利。

史论性研究方面。

其一，关于家书这一文体的基本理论研究。在这一领域，20 世纪 80 年代中期，褚斌杰在其编著的《中国古代文体概论》（北京大学出版社，1984 年 6 月）中，对书信这一文体的起源和特性进行了深入的探讨。而赵树功先生的《中国尺牍文学史》（河北人民出版社，1999 年 11 月）则开创性地以尺牍（即书信）为研究对象，构建了书信史上的首部通史专著，特别关注了家书"平民化""大众化"的特点。此外，谭家健的《六朝文章新论》（北京燕山出版社，2002 年 1 月）和卞孝萱、王琳的《两汉文学》（安徽教育出版社，2001 年 9 月）则从家书的内容和受书对象角度出发，进一步丰富了我们对家书的理解。

其二，是关于家书历史流变的研究。王人恩的《古代家书发展史略》（载于《社科纵横》，2000 年 5 月）系统地梳理了家书的历史起源及其演变过程。而赵和平在《光明日报》上发表的《中国家书的源流体例和格式》（2006 年 2 月）则简要总结了家书称谓和格式的变化发展，为我们提供了家书形式演变的宝贵资料。

其三，是关于家书的审美价值及特定历史时期家书的研究。这一领域的研究成果包括硕士论文，如李辉的《家书的审美之维》（山东师范大学，2010 年 4 月），该研究从审美维度深入剖析了家书的独特魅力。马臻的《三国两晋家书研究》（西北师范大学，2013 年 6 月）和谭靖娟的《汉魏六朝家书研究》（湖南师范大学，2014 年 5 月）则分别聚焦于三国两晋和汉魏六朝时期的家书，揭示了这些特定历史时期家书的独特风貌和价值。

其四，还有一些零散的论文以及涉及历史学、文学等领域的研究著作，虽然也对家书有所涉及，但大多聚焦于特定名人名篇的研究，且未能形成完整的体系。因此，在这里我们不再一一赘述。家书的文学史研究及其相关领域已经取得了丰硕的成果，这些研究不仅深化了我们对家书这一文体的理解，也为我们进一步挖掘家书的文化价值提供了宝贵的参考。

2. 关于曾国藩著述的整理和出版

曾国藩逝世后，留下了丰富的文化遗产，涵盖奏折、日记、诗文、书信、批牍及读书录等多种形式的文献。其弟子与友人迅速将这些遗产的整理与出版视为首要职责，此举标志着曾国藩著作整理出版的首个高潮的到来。

在众多整理版本中，由曾国藩的学生兼幕僚李瀚章编纂的《曾文正公全集》率先问世，于光绪二年（1876 年）由传忠书局出版，全书共 167 卷，内容详尽全面，长期以来一直是研究曾国藩不可或缺的权威资料。相比之下，1935 年东方书局出版的铅印标点本《曾文正公全集》虽然在排版上有所创新，但在内容上却略显单薄，未能超越传忠书局版。此外，同治十三年(1874 年)至宣统年间，还涌现了一系列选编类的曾国藩著作。例如，曾国藩的学生薛福成整理的《曾文正公奏议》，于同治十三年刻印发行，该书仅收录了曾国藩的部分奏稿，共计 10 卷补编 5 卷，未能全面反映其奏稿全貌。同年稍晚及之后，王定安整理的《求阙斋弟子记》和《求阙斋读书录》相继问世，前者记录了曾国藩的生平言行，后者则对其批读过的书籍进行了分类汇总。光绪二年，学者王启源选编了曾国藩的日记，成为《求阙斋日记类钞》，分为上、下两卷。宣统元年(1909 年)，中国图书公司出版了较为完整的曾国藩日记选编本《曾文正公手书日记》，共计 40 册，具有较高的学术价值。在这一系列选编本中，蔡锷于宣统三年(1911 年)编撰的《曾胡治兵语录》尤为引人注目。该书不仅内容精炼，而且被蒋介石在黄埔军校时作为重要教材，并亲自为之作序改名为《曾胡治兵语录白话解》。在那个特定的历史时期，该书因其独特的军事思想和战略眼光而产生了广泛的社会影响。

在新中国成立至 20 世纪 80 年代前的这段时间里，曾国藩著作的整理出版工作遭遇了一段低潮。在此期间，大陆的出版活动相对沉寂，仅在 1959 年由中华书局推出了汪世荣选编的《曾国藩未刊信稿》。而在我国台湾省，情况稍有不同，吴相湘主编的《中国史学丛书》中收录了《湘乡曾氏文献》及《湘乡曾氏文献补》两部重要作品，为曾国藩研究提供了一定的资料基础。进入 80 年代后，曾国藩著作的整理出版工作迎来了新的转机，并逐渐形成了一个高潮。从这一时期开始，各种以曾国藩为主题的专辑书籍如雨后春笋般涌现，如《曾国藩教子书》、《曾国藩家训》、《曾国藩处世金言》等，这些书籍在推动曾国藩相关研究的同时，也带来了出版物质量参差不齐的问题，市场上出现了不少鱼目混珠的现象。然而，在这一波出版热潮中，有一项重要的成就尤为值得注意，那就是《曾国藩全集》的出版发行。该全集由湘潭大学历史文献研究所、古籍研究所等单位联合整理编辑，并由岳麓书社出版，共分为 30 册，涵盖了“奏稿”“批读”“诗文”“读书录”“日记”“家书”和“书信”等多个方面。在内容编排上，该全集以曾氏家藏手稿为底本，同时参照了传忠书局版的《曾文正公全集》、我国台湾省出版的《湘乡曾氏文献》等多种资料，确保了内容的翔实性和学术参考价值。为了进一步提升《曾国藩全集》的质量，从 2007 年开始，唐浩明等两岸众多学者又参考了台湾所存的档案，对全集进行了长达 4 年的补充和修订工作。这次修订新增收了80余件诗文、60余件书信以及一些新发现的日记等，总计40余万字。修订版的《曾国藩全集》最终在2011年9月的纪念曾国藩诞辰200周年、湖南双峰·海峡两岸首届曾国藩学术研讨会上首发，成为迄今为止有关曾国藩著作方面最为全面的整理资料。

3. 学术界关于曾国藩研究的成果

晚清时期，曾国藩研究的初步成果主要体现在年谱类书籍的整理上，其中两部具有代表性的作品尤为突出。

一部是黎庶昌编纂的《曾文正公年谱》，该年谱详尽记录了曾国藩的一生，共计12卷，于光绪二年(1876年)付梓。作为曾国藩的高足，黎庶昌凭借其深厚的学识和丰富的资料，使得这部年谱内容充实、可信度高，成为后世研究曾国藩不可或缺的重要参考资料。

另一部则是王定安编撰的《曾文正公大事记》(原名《曾文正公事略》)，它以时间为线索，将曾国藩的主要活动以大事记的形式整理而成，共计4卷，与《曾文正公年谱》相互参照，共同构成了晚清时期曾国藩研究的基础性文献。

进入民国时期，随着历史背景和社会环境的变化，曾国藩逐渐成为学术界关注的焦点，相关研究成果也随之增多。其中，蒋星德所著、由商务印书馆出版的《曾国藩之生平及事业》无疑是这一时期最具影响力的作品。该书自1935年初版至1948年，先后再版六次，其受欢迎程度可见一斑。全书分为上下两编，上编按时间顺序系统梳理了曾国藩的生平经历，下编则从人格、政治思想、行政方法、治兵方略、文学修养以及对后世的影响等多个维度进行全面论述，较为完整地展现了曾国藩的一生。这部著作不仅开创了以现代学术方法研究曾国藩的先河，而且其学术价值和研究深度也得到了广泛认可。

与此同时，何贻焜撰写的《曾国藩评传》也是民国时期关于曾国藩研究的一部重要专著。该书同样遵循时间顺序介绍了曾国藩的生平及事业，并在此基础上从不同角度深入剖析了曾国藩的思想和实践。全书洋洋洒洒30余万字，无论在内容的广度还是研究的深度上，都超越了同时期的其他著作。作者在对曾国藩的一生进行总结时，高度评价了其在义理、辞章、考据以及道德、文章、事功(事业和功绩)等方面的成就，认为他不仅是清代中兴的杰出人物，更是世界历史上具有重要地位的人物。

此外，李鼎芳所著的《曾国藩及其幕府人物》则是一部专注于曾国藩某一方面的专题研究著作。该书不同于上述两部全面研究曾国藩的专著，而是集中探讨了曾国藩的人才观及其在人才利用方面的成就，为后世了解曾国藩在领导和管理方面的智慧提供了宝贵的资料。

以上是民国时期三部影响比较大的有关曾国藩研究的学术性专著，它们在内容与结论上均展现出平实客观的特点，以正面评价为主导，具备较强的学术性，至今仍具有参考意义。然而，需要指出的是，这些著作的客观性并未全面反映当时学术研究的全貌。事实上，民国时期对曾国藩的研究普遍带有浓厚的政治色彩和影射史学特征，这在很大程度上是由国共两党间的政治斗争所驱动的。两党学者在曾国藩的历史定位上持截然相反的观点，这一分歧实质上成了两党间没有硝烟的战争的一部分。

具体而言，蒋介石对曾国藩的高度评价——“足为吾人之师资”[①]及“必须认清历史，效法曾胡”[②]——促使部分学者如王德亮，在其著作《曾国藩之民族思想》中极力颂扬曾国藩，以此美化蒋介石的政治形象。王著旨在辩解晚清革命党人对曾国藩的批评，并试图通过颂扬曾国藩来为蒋介石镇压中国共产党的行为提供历史依据。作者在后记中的比较，如将蒋介石与曾国藩的生平志业相提并论，显然体现了强烈的政治倾向，使得该书的学术价值受到削弱。

面对国民党利用曾国藩进行政治宣传的做法，中国共产党领导下的马克思主义学者展开了反驳。范文澜的《汉奸刽子手曾国藩的一生》，后收录于《中国近代史》中，便是其中的代表作。范文澜在该书中严厉批判曾国藩，称其为“中国数千年封建统治阶级黑暗精神的最大代表，也是鸦片战争后百年来反革命势力‘安内攘外’路线的始作俑者”，并指责其对外妥协、对内镇压的行径。范文澜的批判，实则是对国民党对内反共、对外妥协政策的一种隐喻性揭露，使得该书同样带有鲜明的政治色彩，难以被视为一部纯粹学术意义上的严谨著作。

整体来看，民国时期虽标志着运用现代学术方法对曾国藩研究的开端，并取得了一定成果，但这一时期的研究往往深受特殊历史和政治背景的影响，普遍带有浓厚的政治倾向，从而降低了其学术价值。在这一背景下，尽管还有如胡哲敷的《曾国藩的治学方法》、郭斌龢的《曾文正公与中国文化》等专著问世，但由于流传不广，它们的影响也相对有限，未能成为该领域研究的主流。

新中国成立后，曾国藩研究的发展历程大致可划分为两个阶段。

---

① 成晓军主编. 名人评曾国藩[M]. 重庆：重庆出版社，2006：168.

② 成晓军主编. 名人评曾国藩[M]. 重庆：重庆出版社，2006：170.

在20世纪80年代之前，受政治环境的影响，曾国藩研究被视为禁区，相关研究成果稀缺。即便偶有专著问世，也大多沿袭民国时期范文澜的研究路径和价值判断，采用影射史学手法，赋予研究内容过多政治寓意，将曾国藩描绘成反动地主阶级的代表和残酷镇压农民起义的刽子手，对其历史作用全盘否定。因此，这一阶段的研究学术价值有限，此处不再赘述。

进入20世纪80年代，随着思想解放，曾国藩研究逐渐升温，成果丰硕。其中，卞哲于20世纪80年代初出版的《曾国藩》一书，作为传记性小册子，从九个方面概述了曾国藩的一生，并将其生平分为前后两期，分别聚焦于科举理学与军事洋务。尽管作者最终将曾国藩定位为“维护封建统治的反动代表人物之一”①，但该书在方法和态度上相对客观平实，为曾国藩研究开启了新篇章。

此后，曾国藩研究如雨后春笋般涌现出一批以朱东安、成晓军、唐浩明为代表的专家。朱东安的《曾国藩传》是其代表作，基于多年原始资料积累，旨在排除前人研究的政治色彩，将曾国藩作为学术问题探讨。尽管书中观点有待商榷，但作者坚持学术立场，态度客观公允。随后，他又出版了《曾国藩幕府研究》和《曾国藩与晚清政局》，从不同角度深化了研究，奠定了其学术地位。成晓军的《曾国藩与中国近代文化》则是一部20余万字的专题性学术著作，探讨了曾国藩的政治观、人生哲学、治军方略等多个层面，旨在透视其文化特征及其与中国近代士大夫思想意识的内在联系。该书将曾国藩置于近代文化背景下，视野开阔，提出了诸多新观点。此外，他还著有《曾国藩的幕僚们》和《曾国藩家族》，从多方面推进了相关研究。唐浩明则是近年来曾国藩研究领域最受欢迎的学者之一，其《曾国藩》三部曲以历史小说的形式，为曾国藩研究注入了新活力。书中，曾国藩以普通人的鲜活形象出现，更加真实、人性。随后，他基于这部作品的资料积累，出版了多部关于曾国藩遗著的点评性作品，具有较高的学术参考价值。

在曾国藩研究领域，易孟醇的《曾国藩传》无疑是一部重量级作品，全书洋洋洒洒70多万字，不仅从时间和空间的双重维度深入剖析了曾国藩的一生及其卓越成就，更将其定位为“中国古代文化的最后代表”。该书资料详尽，内容丰富，观点稳健，展现了严谨的学术态度，堪称学术专著的典范。

此外，曾国藩研究还涌现出众多专题性著作，它们各自聚焦于不同领域，为

① 卞哲. 曾国藩[M]. 上海：上海人民出版社，1984：162.

全面理解曾国藩提供了多元视角。例如，章继广的《曾国藩思想简论》，专注于剖析曾国藩的思想体系；王澧华的《曾国藩诗文系年》，则是对曾国藩诗文的深入研究；田澍的《曾国藩与湖湘文化》，从地域文化的角度探讨了湖湘文化对曾国藩思想及行为的影响；李育民的《曾国藩传统文化思想研究》，从传统文化的视角出发，对曾国藩的思想体系进行了有益的探索；张静的《曾国藩文学研究》，则专注于研究曾国藩的文学思想。

这些专题研究虽不及传记性研究全面，但它们在各自的领域内都取得了显著进展，共同推动了曾国藩研究的深入发展。

4. 有关《曾国藩家书》及其立德树人思想的研究

笔者利用 CNKI 知识网络服务平台，针对“曾国藩家训”这一主题，在中国期刊全文数据库、中国硕博士学位论文全文数据库及中国报纸、会议全文数据库中进行了跨库检索（检索截止时间为 2025 年 1 月），覆盖了 1990 年至 2025 年的相关研究成果，共检索到 220 余篇硕博士及期刊论文，这表明学术界对曾国藩家训的研究颇为丰富。

首先，从时间维度分析，笔者发现：1990 年之前，关于曾国藩家家训的研究处于空白状态；1990 年，仅有 1 篇相关期刊论文发表；1991 年至 2000 年间，相关研究文献共计 18 篇；2001 年至 2010 年间，研究文献数量显著增长，达到 57 篇，是前一个十年的三倍；自 2011 年以来，曾国藩家训的研究持续升温，成为学术界的研究热点。

其次，从文献来源来看，大多数研究成果以期刊文献的形式呈现，硕士论文相对较少，而博士论文更是仅有 1 篇。

最后，就研究内容而言，笔者发现：学术界对曾国藩家训的研究主要集中于人格教育、伦理教育、家庭教育及子女教育等方面；此外，还有一些零散的研究涉及曾国藩的读书作文之道以及美学、修辞学、文学等领域；然而，值得注意的是，截止至 2025 年 1 月，笔者几乎没有检索到关于曾国藩家训中立德树人思想的系统性研究成果，这表明曾国藩家训的德育价值尚未得到学术界的充分关注，亟待深入挖掘和研究。

对曾国藩家训中的立德树人思想进行全面、深入的探究，不仅具有填补学术空白的意义，而且对于深化对曾国藩家训及其德育价值的理解具有重要的作用。因此，开展此项研究显得尤为迫切与必要。

(二) 国外研究

在20世纪之前，国外对于曾国藩的专业研究尚未形成，但已有不少传教士和观察家通过在中国创办的刊物，如1832年在广州创刊的《中国丛报》、1845年在香港创刊的《中国邮报》以及1850年在上海创刊的《北华捷报》，报道中国国情与文化风俗，这些刊物后来成为海外中国学研究的重要史料。外媒首次提及曾国藩，是报道他筹建湘军阻击太平军的事迹。

随着战事的发展，国外学者对太平天国与湘军的对峙日益关注，并对曾国藩本人产生了浓厚兴趣。他们围绕曾国藩镇压太平天国、同治中兴以及儒学素养等方面展开研究，逐渐形成了对其"勤政、清廉、拼搏、受尊敬、肯奉献、守儒学"的正面印象。尽管外国商人在战时曾强烈反对曾国藩的政策，但他们仍折服于曾国藩在中国享有的卓越声望，并认可他所获得的荣誉和广泛影响。

曾国藩与李鸿章有被西方学者并列为影响中国近代发展的时代巨人的倾向，其中曾国藩被认为更具才能、更聪慧诚实，且"绝不耍花招"。然而，外媒和传教士也常将曾国藩标榜为"守护中国传统保守文化的顽固人物"，这些评论虽刻薄，却并未阻碍他们对曾国藩人格品质的深刻肯定和赞美。例如，当曾国藩于1868年离开两江总督任上时，《北华捷报》评论称他深受达官显贵的尊敬和陪伴，他的官署不受清规戒律的束缚，他严厉但能理解部下的意旨，因此在他手下遭殃的官员微乎其微。

西方阵营普遍认为曾国藩是最令他们头痛的敌人，是顽固维护中国传统道德文化和封建政体的守旧分子。他们一边嘲弄并抹黑曾国藩，一边又不得不承认他的权威建立在各种令人赞扬的品质之上。作为周旋于中外和局的重要人物，曾国藩深知自己的力量源泉是中国人的拥护，而非外国人的支持。他按照儒家卫道士的严苛准则生活，不断批评自己要求不严，担心自己和子女可能居功自傲。他个人开销很低，生活俭朴，绝不摆架子。

尽管在20世纪之前国外对曾国藩的专业研究尚未形成，但已有不少外媒和学者对其进行了关注和报道，形成了多元但局限的评价。

在太平天国运动被镇压后，英美媒体与学界掀起了一股关于"谁镇压了太平天国"的争议热潮。这场争议主要围绕曾国藩的湘军与洋枪队的新式武器及西洋军队之间的贡献展开。英国学界的"戈登说"与美国学界的"华尔说"均将焦点指向了曾国藩，认为尽管清廷在与太平天国的军事对垒中长期处于劣势，但“洋枪队”的介入彻底扭转了战局，最终奠定了对太平军的胜利。华尔和戈登因此成为外媒与英美学界追捧的对象，其中《北华捷报》大力赞扬了华尔在镇压太平天国中的重要作用，而传教士丁韪良和威尔逊也分别对华尔和戈登给予了高度评价。

然而，美国传教士卫三畏在肯定常胜军历史地位的同时，对镇压太平天国运动的首功问题有着清醒的认识。他在《中国总论》中指出，常胜军在占领了常州后作战活动已宣告结束，而曾国藩在掌握了攻城的充裕条件下，无需戈登部队效劳便解散了这支队伍。因此，从参战时间和重要性来说，镇压太平天国的首功不应落在常胜军头上。卫三畏的这一观点，是国外学界首次正面评价曾国藩在镇压太平天国中的功劳，他批评外国观察家们被一支优秀小部队的名声所迷惑，遗忘了真正的主角曾国藩。卫三畏观察到太平天国被镇压后，中国社会在清政府政策调整下快速恢复，而曾国藩实际通过厘金制度、团练协作体系及“拙诚”战略克服战争挑战，其军事实践被美国学界视为近代化改革的重要案例。他强调曾国藩以清晰的思维、永不丧失的耐心和审慎的常识办成了这件事，并指出曾国藩从不担心别人遮蔽他的光辉，不惜将自己赚来的桂冠送给别人，用能人的才干来弥补自己在兵法上的不足。同时，曾国藩还认真实践儒学，努力将孔圣人的品质注入自己的言行，展现出了儒者的品格。

此外，美国学者黑尔博士是第一个为曾国藩立传的人，他盛赞曾国藩以一己之力镇压了太平天国运动，使国家免于分裂，并将他与乔治·华盛顿相媲美。濮兰德和巴克斯也赞扬曾国藩是哲学家中具有英雄行为的人物。费正清则肯定了曾国藩作为优秀组织者的才能，认为他在军队规划、装备、经费筹措和军官选拔上无人能及。

20 世纪前 30 年，美国学界对于镇压太平天国运动的首功问题已形成一致意见，并对曾国藩及其代表的中国传统思想产生了更大兴趣。随着对中国儒家文化研究的加深，更多学者和观察家开始摆脱宗教传统视角的束缚，用研究哲学思想的方法和路径去看待中国传统儒家思想文化，并试图挖掘其东方异质文化的本质。

20 世纪前 30 年，国外学界已经注意到曾国藩、李鸿章、左宗棠等人在与太平军多年的交战中，不仅惊叹于西洋武器的强大摧毁力，更在深刻自省中转变思维，探索如何在现有体制下有效利用西洋先进技术以摆脱困境。其中，曾国藩作为同治中兴的核心领导人物，在地方上切实推动了改革，尤其对于中国军事组织向近代转变起到了重要的作用。曾国藩被誉为推动中国军事现代化进程的开创性人物。美国汉学家马士曾重点分析了这种以省为单位、置于文官统辖之下的非正规军事力量，认为它们构成了中国武力担当的基础，甚至是新军建立的前身。而黑尔博士则进一步补充了曾国藩创建湘军的动机，不仅限于应对太平天国，还包括对鸦片战争等早期事件的深刻反思。在创建湘军的过程中，曾国藩遭遇了前所未有的阻碍，包括军队纪律的制定与实施、建军经费的筹措以及出湘阻击太平军的时间选择等。然而，他凭借稳健之道，克服了这些困难，并在战争中不断壮大湘军的规模。同时，他也面临着清廷的猜忌和财政不自主导致的军心不稳等挑战。为了有效阻击太平军，曾国藩还建立了水师，成为中国近代军事事业发展进程中的重要里程碑。

曾国藩的军事成就和稳健之道，引起了国外学界的广泛关注。从研究曾国藩开始，更多学者开始正视中国地方军事力量的崛起，关注中国在内外战争之后的中兴和近代化探索。这些研究不仅加深了国外学者对中华文明在近世奋斗中的挣扎与转变的理解，也为中国学界带来了丰富的回馈，促进了我们对自身文化的认知与超越。

众多国外学者，如卫三畏、马士、黑尔、濮兰德、巴克斯、费正清、安德鲁、卫德明、芮玛丽及列文森等，都通过研究曾国藩这一窗口，窥见了中华文明在近世的奋斗与转变。曾国藩对儒家文化的“持守”，更是加深了国外学者对中华传统文化的解读和认知。在这样的文明互进中，“他者”视域下的文化解构也为中国学界带来了新的视角和思考。

三、研究方法

（一）文献研究法

一是，广泛搜集与曾国藩家训相关的文献资料，包括原著、历史背景资料以及学术界的研究论著。通过图书馆、档案馆、博物馆、学术会议和互联网等多种渠道搜集资料，并确保所搜集资料的全面性和客观性，以维护研究的严谨性。二是，对搜集到的文献进行细致的整理，包括分类、编目和数字化处理，以提高资料的系统性和可检索性，为后续的深入分析和研究打下基础。三是，深入阅读和理解文献内容，特别是关注曾国藩家训中关于个人修养、家风建设等方面的思想和教育观念，并进行细致的解读。四是，系统阐释曾国藩家训中的立德树人思想，并探讨其在当代家庭教育中的作用和启示。

(二) 历史考察法

运用历史考察法研究曾国藩家训中的立德树人思想，主要从以下几个方面进行：一是，对历史背景的考察。曾国藩家训中的立德树人思想是在清朝中后期社会动荡、内忧外患的背景下提出的，这一思想不仅关注个人品德的培养，也体现了对国家和社会稳定的深切期望。通过理解这一历史背景，我们可以更深刻地领会曾国藩家训中立德树人思想的深层含义和价值。二是，对个人经历的考察。曾国藩丰富的人生经历塑造了他的立德树人思想。在曾国藩家书中，我们可以看到他如何将个人奋斗的经验和教训融入到对子弟的教育之中。他的教育理念不仅总结了自己克服困难、不断进取的人生历程，也表达了对家族子弟的深切期望和严格要求。三是，对家书内容的考察。深化对曾国藩立德树人思想的理解，需要对曾国藩家训的内容进行细致的考察。通过考察曾国藩家训中的具体内容，我们不仅能够理解曾国藩立德树人思想的丰富内涵，还能认识到他对于个人在社会和国家中角色的深刻洞察。四是，对曾国藩家训立德树人思想现代价值的考察。尽管我们所处的时代与曾国藩的时代大相径庭，但他关于个人品德修炼和家庭教育的见解依然散发着智慧的光芒。在当下社会，这些观点对于提高个人的道德修养和强化家庭中的道德教育仍然具有指导价值。

(三) 理论与实际相结合的方法

一是，深入探究曾国藩家训中的具体案例，我们可以揭示曾国藩如何将立德树人的思想具体化，并在家族中得以实践和延续。通过细致的分析曾国藩家书中的这些案例，我们能够清晰地看到曾国藩的教育理念是如何在家庭生活中得到体现，并通过世代相传的方式，将这些价值观根植于家族文化之中的。二是，对曾国藩家训现代价值的探讨。探讨曾国藩家训立德树人思想在当代社会的应用价值。例如，他的立德树人思想对于现代家庭教育有何启示？在现代社会中，如何借鉴曾国藩家训的立德树人思想来培养有责任感和道德修养的公民？三是，实践应用的探索。研究曾国藩家训立德树人思想如何能够在现代社会中得到具体实践。这包括在家庭教育、学校教育、社会教育等领域的应用，以及如何在政策制定和社会实践活动中体现这些思想。

四、创新之处

近年来对曾国藩的学术研究虽然成果颇多，但这些研究大多聚焦于曾国藩的政治智慧、军事策略和用人之道。虽然也不乏对其道德教育思想的探讨，但这些研究往往将视野局限于曾国藩个人思想的框架内，而没有深入到曾国藩家训的内核级立德树人思想中进行研究。已有对曾国藩家训的研究往往只是作为研究其个人思想的一个附属部分，未能将其中的立德树人思想作为独立完整的研究对象进行深入挖掘。本研究的创新之处在于，从曾国藩家训中找寻其立德树人思想。这种研究路径尚为少见，这不仅是一个新的研究维度，也有助于我们更全面地理解曾国藩的教育思想。此外，尽管有少数学者尝试从曾国藩家书角度探讨曾国藩的教育思想，但这些研究往往分散于家庭教育和伦理道德两个领域，缺乏将两者有机结合的尝试。而本研究则试图打破这一局限，将家庭教育与伦理道德紧密结合，以期构建一个更为完整的曾国藩立德树人思想理论体系。本书的另一个创新点是对曾国藩家训立德树人思想的详尽梳理。不仅对这些思想进行了系统的整理，还尝试将它们与当下社会中存在的问题相联系，探索曾国藩家训所蕴含的智慧如何为现代家庭教育和社会提供解决思路和思维启发。

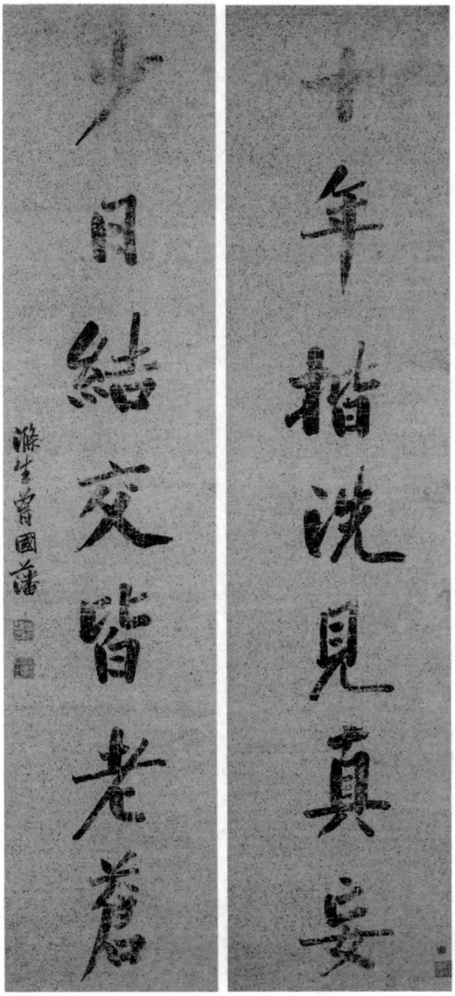

曾国藩行书七言联

第一章　传统家训及其立德树人之道

传统家训作为中华民族传统文化的重要组成部分，承载着数千年的家庭智慧与道德传承。它在特定的历史、社会和文化背景下孕育而生，反映了不同时代人们对于家庭秩序、个人修养和社会和谐的追求。本章将深入探究传统家训的内涵，剖析其在自给自足农耕经济、家国同构宗法制度及以儒学为核心传统文化等社会文化背景下所形成的独特道德准则，如慎独自省、孝老爱亲等，全面阐述其在塑造民风、凝聚民族精神、维系社会和谐及传承儒家文化等方面所发挥的重要价值。通过对传统家训全方位的解读，揭示其在历史长河中对家庭和社会所产生的深远影响，以及为曾国藩家训的产生与发展所奠定的深厚根基，展现传统家训文化的博大精深与历久弥新。

第一节　传统家训的内涵阐释

一、传统家训的含义

在《辞海》中，家训被定义为父母对子女的教导，这一定义揭示了家训的核心价值——即父母对子女的引导和教育。徐少锦、陈延斌在《中国家训史》中提出家训是“父祖长辈对家人和子孙的训示教诲，也有部分是兄弟姊妹间的诫勉或夫妻间的嘱托。后辈贤达者对长辈、弟对兄的建议与要求，就其所寓的教育、启迪意义来说，也不可忽略”。[①] 家训是家庭成员间相互劝诫、指导和约束的一种方式，在家族繁衍传承中具有多维作用和深远影响。

中华传统家训的典籍可谓琳琅满目，其思想内容深邃且广泛。中华传统家训融合了法家、道家等众多学派的智慧，构建了一个既深邃又丰富的道德教育

① 徐少锦，陈延斌. 中国家训史[M]. 北京：人民出版社，2011：1.

架构。这一架构不仅囊括了家国情怀、家庭和谐、个人涵养等多维度的教化主题，还涵盖了诸如“身教重于言教”、根据个体差异施教、在启蒙阶段培养正气等多种有效的教育策略。然而，我们应当意识到，中华传统家训虽然富含优秀伦理道德理念和行为准则，但由于它们根植于特定的历史背景，因此也不可避免地携带了一些与当代社会价值观不甚吻合的封建糟粕。比如，部分家训中隐含的大家长制倾向、性别偏见和宿命论等观念，这些内容是我们在传承和吸收家训精华时需要审慎辨析并予以摈弃的。对待中华传统家训，我们应运用历史唯物主义的方法萃取其有益的部分，淘汰那些不再适应现代社会的成分。此外，我们还需深入探索和研究家训中蕴含的优秀传统文化元素，为其注入新时代的活力，确保这些传统智慧能够在当代社会中继续发光发热，为塑造具有道德操守和文化素养的现代公民提供启迪和引领。

中国传统家训历史久远，其渊源可至远古时期口耳相传的神话传说，这些神话具备感染力与教育意义，为家训发展奠定了精神基础。

周公的《诫伯禽书》是中国最早有文字记载的家训，嘱托伯禽要谦虚谨慎、勤政爱民，首开古代家训先河，成为后续家训发展的重要起始点。

春秋战国时期，随着官学衰落、私学崛起，家庭教育受关注，家训文化长足发展，出现诸多脍炙人口的家教典故，如孔子“庭训”等，不过这些多夹杂在古籍文献中由后人追述，未独立成篇，但对后世影响深远，是家训文化逐渐丰富的阶段。

秦代因秦奉行“禁私学，以吏为师”的文教政策，家训发展呈沉寂状态，仅遗留下孔鲋的《将没诫弟子》这一较少的成果。

汉代延续先秦家训文化血脉，有大量作品问世，涉及立德、治学、胎教、齐家等多方面基本教育因素，然而形式上没有大的突破，是在继承基础上稳步发展的时期。

魏晋南北朝时期是家训文化发展的第一个高峰期与成熟期，名家名作众多，如曹操、诸葛亮等人的相关家训，而颜之推的《颜氏家训》问世标志着高度成熟，它用丰富事例阐述深刻道理，涵盖诸多问题，成为帝制时代家训的集大成之作，推动严谨治家、勤督课业风气形成。

唐代帝王家训占有特殊地位，像唐太宗李世民的相关作品，虽有消极内容但也融合优秀思想精华，继承积极精神；同时还有专门为女子撰写的家训以及其他有影响的家训，呈现出多样化发展的特点。

宋代在理学思想影响下蓬勃发展，帝王、文人等多群体都有家训传世，内容更丰富，注重指导家人立身处世等多方面原则和方法，给人亲切感，体现出家训在思想内涵和实用性上的深化拓展。

明代帝王家训有明宣宗朱瞻基对儿子的严格指导，文人学者家训各有特色，如霍韬强调劳动教育，周怡注重节俭持家，孙奇逢强调做人重于做官，反映出不同侧重点的教育理念。

清代有诸多上乘之作，如《圣谕广训》等，各有特点且影响广泛，像《圣谕广训》还被颁行全国并要求广泛宣传执行，展现出官方对家训推广以实现良好社会风气的重视。可见，传统家训源远流长，从远古发展而来历经各朝代不断演进；传统家训经典频出，各个时期都有代表性、影响力大的家训作品；传统家训形式多样，有独立成篇的，也有夹杂在文献中的等；传统家训内容丰富，涵盖多方面教育因素；传统家训撰写主体多元，帝王、文人、政治家等不同身份的人都参与其中。传统家训始终把“齐家”作为“治国、平天下”的基础，强调立德与治学统一，注重先学做人，重视家风建设、和谐家庭关系构建，尤其突出长辈言传身教的榜样作用，对现代家庭教育等诸多方面极具启发借鉴意义，是中国传统文化中家庭教育领域的瑰宝。

二、传统家训的特征

（一）家训的民族性与时代性

1. 家训的民族性

传统家训的民族性是指在中华民族的历史发展进程中，传统家训所体现出的能够区分中华民族与其他民族的独特文化属性。传统家训深深植根于中华文化的深厚土壤，承载着中华民族的核心价值观和道德规范。它蕴含着尊老爱幼、勤劳勇敢、诚实守信、尊师重道等中华民族传承千年的优秀品质，这些品质是中华民族文化的瑰宝，也是传统家训民族性的重要体现。传统家训的民族性还源于中国特有的历史条件。中国悠久的历史、独特的家族制度以及对教育的高度重视，为传统家训的形成和发展提供了肥沃的土壤。传统家训的民族性不仅塑造了中华民族独特的家庭文化和教育理念，也对中华民族的民族精神产生了深远的影响。它激励着一代又一代的中华儿女秉持高尚的品德，为家庭的和睦、社会的和谐以及国家的繁荣而努力奋斗。

其一，中国家训文化的形成与发展，深受中华民族特有的“家国同构”社会治理模式的影响。从文化根源来看，中华民族自古以来就拥有深厚的家庭观念和强烈的国家意识。在传统文化中，家庭被视作社会的基本单元，是个人成长与发展的重要场所，而国家则如同一个大家庭，君主如同家长，百姓则为家庭成员。这种观念上的紧密联系为“家国同构”模式奠定了基础。在家训文化中，家庭观念与国家意识充分体现，家训不仅强调家庭成员间的伦理道德和行为规范，还注重培养家族成员对国家的忠诚与责任感，诸多家训中都有“忠君爱国”“修身齐家治国平天下”等内容，将家庭命运与国家兴衰紧密相连。在社会结构方面，中国传统社会是以家庭为基础的宗法社会，家族在社会生活中扮演关键角色。家族的延续与繁荣不仅关乎个人荣誉和利益，也关系到整个社会的稳定与发展。在这种社会结构下，家训成为家族传承和教育的重要工具。“家国同构”模式使得家庭与国家在社会结构上相互依存，家庭是国家的细胞，国家的稳定和发展离不开家庭的和谐与繁荣。因此，家训文化不仅关注家庭内部的秩序和规范，也关注国家的政治和社会状况，其中的许多内容如“勤劳节俭”“诚实守信”“尊老爱幼”等，既是家庭美德，也是社会公德，对国家的治理和发展具有积极意义。在家庭教育方面，中国有着悠久的教育传统，家庭教育在其中占据重要地位。传统社会中，家庭是孩子接受教育的第一场所，父母是孩子的第一任老师。家训作为家庭教育的重要内容，承载着家族的价值观和文化传统，对家族成员的成长和发展起着至关重要的作用。“家国同构”模式使得家庭教育与国家教育相互融合，家庭教育不仅注重培养孩子的个人品德和才能，也注重培养孩子的国家意识和社会责任感。家训中的许多内容如“读书明理”“志存高远”“报效国家”等，既体现了家庭对孩子的期望，也体现了国家对人才的需求。

其二，自给自足的农耕经济为传统家训文化的孕育与发展提供了坚实的基础。中国古代自给自足的农耕经济不仅在物质层面为家训文化提供了支撑，确保家族在农耕生活中有稳定的经济基础来传承家训，而且在伦理观念层面塑造了家训文化。农耕经济的亲自然性赋予了家训文化尊重自然、适度索取的生态理念，而“男耕女织”的经营方式则促使家训强调家庭成员和邻里之间的和睦相处。这些都有力地推动了传统家训文化的孕育与发展，使其成为中华民族传统文化中不可或缺的重要组成部分。一方面，农耕经济具有亲自然性。在中国传统农耕社会中，人们的生活极大地依赖自然的恩赐。古人因此格外注重与自然的和谐共处，积极倡导顺其自然、珍惜生命、适度索取的生态伦理观念。这种观念被广泛融入家训家规之中，成为家训文化的重要组成部分。例如，唐太宗李世民在《帝范》中，就告诫其子李治要崇尚节俭，并提出："夫盛世之君，存乎节俭；富贵广大，守之以约。"①这一教诲不仅反映出个人品德的修养要求，更是对治国理政的深刻指导，同时也体现了农耕经济影响下人们对自然恩赐的珍视以及对适度索取的坚持。通过将这种生态伦理观念融入家训，家族成员得以深刻认识到尊重自然规律的重要性，从而促进人与自然的和谐相处。另一方面，农耕经济以"男耕女织"为主要经营方式，这种生活方式使得家庭成员之间以及邻里之间必须保持和谐的关系，因为只有这样，家族的生产和生活才能顺利进行。家训中对和睦相处的要求，正是对这种社会关系的维护和规范。在几乎每个家族的家训中，我们都能看到对家庭成员和睦相处的强调。这一要求不仅是对家族内部关系的规范，更是对整个社会和谐的一种贡献。家庭成员在遵循家训和睦相处的过程中，传承和弘扬了农耕经济所需要的和谐社会关系。

其三，儒家文化深刻地影响了家训文化的生成与延续。儒家文化在道德规范、价值追求和传播实践等方面深刻地影响了家训文化的生成与延续。儒家文化与家训文化相辅相成，彼此促进，共同构成了中华文化的宝贵财富。道德规范层面，传统家训对儒家文化中的仁、义、礼、智、信等核心价值的强调，使得家训文化在道德层面有了明确的导向。仁，倡导爱人、关怀他人，为家庭成员之间的相处提供了情感基础，促使家人之间相互关爱、宽容。义，强调正义、公正，引导家族成员在面对是非善恶时做出正确的选择，秉持公正的立场。礼，规范人们的行为举止，让家族成员懂得遵守礼仪规范，维护家庭的秩序和尊严。智，鼓励追求知识、智慧，培养家族成员的学习能力和思考能力，以更好地应对生活中的各种挑战。信，强调诚实守信，这是人际交往的基石，确保家族在社会中树立良好的信誉。通过强调这些核心价值，儒家文化为家训文化注入了丰富的道德内涵，使得家训在规范家族成员行为、塑造良好品德方面发挥了重要作用。价值追求层面，家训与儒家文化共同维系着封建社会的秩序与和谐，体现了儒家文化对家训文化价值追求的深刻影响。在封建社会，儒家文化强调等级秩序、社会稳定和家庭和睦。家训作为家族内部的行为准则和价值导向，传承和弘扬了儒家文化的这些价值观念。家族通过家训教导子孙遵守社会规范、尊重长辈、关爱弱小，从而维护社会的稳定和谐。同时，儒家文化所倡导的修身、齐家、

① ［唐］李世民撰. 帝范［M］. 北京：中华书局. 1985：30.

治国、平天下的理念，也在家训中得到了体现。家族希望通过培养有道德、有才能的子孙，为国家和社会做出贡献，实现家族的荣耀和价值。这种共同的价值追求使得家训文化与儒家文化紧密相连，相互支撑。传播与实践层面，儒家文化作为中国传统文化的主流，其在民间的广泛传播和代代相传，很大程度上得益于家训的教化作用。家训不仅承载了儒家文化的精髓，也成为其在社会中的实践与推广的重要途径。家族通过家训将儒家文化的价值观、道德规范传递给子孙后代，使儒家文化在家庭中得以传承和发扬。同时，家族成员在日常生活中践行家训，将儒家文化的理念付诸实践，进一步扩大了儒家文化的影响力。例如，家训中对孝顺父母、尊敬师长、友善邻里等行为的要求，就是对儒家文化中"孝悌""礼义"等观念的具体实践。这种传播与实践的相互促进，使得儒家文化与家训文化紧密结合，共同发展。

2. 家训的时代性

家训的时代性揭示了它与时代的紧密联系，它是中华民族在不同历史时期的文化瑰宝，既反映了时代的精神风貌，又为时代的发展和进步提供了精神动力和价值支撑。从本质上看，家训并非独立于时代而存在的孤立文化现象，而是深深扎根于特定的时代背景之中，是社会文化在家庭层面的具体反映。正如唯物辩证法所指出的，世间万物相互联系、相互作用，家训也不例外。它与所处的时代紧密相连，时代的政治、经济、文化等各个方面的因素都会对家训的形成和发展产生深刻影响。在内容方面，家训的教育内容充分体现了时代性。不同的时代有着不同的社会需求和价值观念，家训也会随之调整其教育重点。例如，在古代农业社会，家训强调勤劳耕作、节俭持家、孝顺长辈等品质，以适应当时的生产生活方式和社会秩序要求。而在现代社会，家训更注重培养独立思考、创新精神、社会责任感等品质，以满足现代社会对人才的需求。在形式方面，家训也会随着时代的变迁而不断演变。古代的家训多以书面形式流传，如家训书籍、家书等。而在现代社会，随着信息技术的发展，家训的形式更加多样化，如通过家庭会议、网络平台等方式进行传承和交流。

一方面，家训的创作者无法超越其所处时代的社会环境和思想氛围的制约。从历史发展的角度来看，家训始终以特定时代的社会主流意识形态为基础。不同的时代有着不同的政治、经济、文化状况，而这些状况共同构成了社会主流意识形态，家训必然会围绕当时的社会要求和规范来对家庭成员进行伦理道德的教化。比如《朱柏庐治家格言》诞生于政治动荡的时代，朱柏庐在其中对子孙的教诲就充满了对如何在动荡中保持家族稳定和繁荣的思考,这明显是对当时时代挑战的回应。又如魏晋南北朝时期,佛教广泛传播,影响了《颜氏家训》,使其在一定程度上接受佛教思想,并且对当时社会风气提出审慎看法,这都体现了家训与时代的紧密互动,也证明了家训无法脱离时代背景而存在。从价值观念的传承来看,尽管时代在变迁,但家训中以儒家思想为基础的价值观念却始终如一。仁、义、礼、智、信等价值观念不仅是家族成员的行为准则,也是社会和谐与稳定的基石。这说明家训深受当时社会主流价值观念的影响,难以超越其所处时代的思想氛围。他们将这些价值观念融入家训中,通过家训的传承传递历史的智慧,为后人提供理解过去、把握当下、展望未来的宝贵视角。家训不可避免地受到其所处时代的社会环境和思想氛围的制约,家训也因此成了特定时代社会文化的生动体现。

另一方面,家训家规的影响力超越了家庭范畴,融入并影响了当时的社会文化,成为时代不可分割的有机组成部分。在传统儒家文化中,社会关系是家庭关系的延伸,社会道德是家庭道德的扩展。家庭作为传统社会最基本的文化单元,不仅是个体生活的场所,更在社会的发展中起着至关重要的作用。家训家规作为家庭文化的核心内容,承载着家庭的价值观和道德规范,其影响力自然会从家庭层面延伸到社会层面。被社会广泛推崇的优秀家训家规,其价值和影响不局限于一个家庭或一个家族。它们被整个时代所接纳,并在社会中广为传播,产生深远影响。例如林则徐在赴广东禁烟的关键时刻,仍通过家书和信函对家庭成员进行克己奉公、报国恤民的爱国教育,这种教育不仅塑造了家族成员的品格,还激励了整个中国人民的志气,提升了民族精神。可见,家训家规的教诲如同历史的回声,穿越时空,影响着一代又一代人。它们不仅是家族的宝贵财富,也是整个社会的共同财富。在培养有责任感、有道德观念的公民方面具有重要意义。家训家规所传递的价值观和道德规范,为社会提供了行为准则和精神支撑,促进了社会的和谐与稳定。

(二)家训的多样性与复杂性

中国历代家训内容丰富多彩且覆盖面广,涉及个人修养、学业勤勉、家庭治理、事业建立、官德官风以及日常应对等诸多方面,为后人提供了全面的行为规范和价值指引。尽管内容广泛,但核心教化有显著的共通之处,普遍聚焦于品德、学业、家庭和社会责任。优秀传统家训的教育方式呈现出多样化和复杂性。

中国地域辽阔，不同地区的文化传统、风俗习惯存在差异，这使得家训的教育方式在不同地区呈现出多样化的特点。不同的家族有不同的家族历史、家族文化和家族价值观，这也导致了家训教育方式的差异。时代的变迁也会对家训的教育方式产生影响，随着社会的发展和进步，家训的教育方式也在不断地调整和创新。一方面，家训的教育形式因家庭背景、地域文化、时代特点等因素而有所不同。有的家训通过长辈的言传身教，以自身的行为示范来影响后代；有的则通过书面形式，如家书、家训格言等，将家族的价值观和规范传承下去；还有的家训结合家族的祭祀、家规执行等活动，强化家族成员的认同感和责任感。另一方面，家训的教育方式也因教育对象的不同而有所差异。对于年幼的家族成员，采用故事、儿歌等生动有趣的形式进行启蒙教育；对于成年的家族成员，则通过严肃的谈话、批评与自我批评等方式进行深入的品德教育和事业指导。

一是，言传的形式。《颜氏家训》有言："夫同言而信，信其所亲。"[①]家庭美德的培养往往从这种直接的口头教导开始。历史上的诸多故事，如田稷之母教导儿子清廉为官、孔子对孔鲤传授诗礼立身、孟母剪断织机上的纱线激励孟子勤学等，都是言传的生动范例。这些口头教导虽然没有形成文字记录，却在家庭中发挥了关键作用，对家庭成员道德观念和价值观的形成起到决定性影响。言传的形式不仅仅是信息的传递，更是情感的交流和智慧的启迪。在日常生活的点滴互动中，长辈们通过言传将家族的价值观和期望悄然植入后代心中。这种形式能够建立起亲密的家庭关系，让后代在感受亲情的同时，接受家族的精神传承。言传成为后代行为的指南和精神的支柱，引导他们在成长过程中做出正确的选择，传承家族的优良传统。

二是，文献的形式。其一，以专著形式呈现的家训，如《颜氏家训》《孝友堂家训》等，篇幅较长、内容博大精深且体系完备。它们为后世提供了全面系统的治家智慧和教子典范，在传统教化史上有着举足轻重的地位。其二，家规条款形式的家训，如《郑氏规范》，由众多条款构成，简洁明了地规范家族成员言行，成为家族共同遵循的行为准则。其三，家书家信形式的家训，如《曾文正公家训》，是曾国藩对子女的真挚教诲和对家族未来的深切期望。家书作为内心世界的流露，更具情感温度，在传递家训的同时也增进了家族成员之间的情感联系。其四，诗歌形式的家训，如《许鲁斋诫子诗》《诫子诗》等，采用特定格式，便

① [北齐]颜之推. 颜氏家训[M]. 北京：商务印书馆，2016：02.

于记忆与传诵。以韵律形式流传的家训智慧，更能激发家族成员的学习兴趣，使其在诵读中感悟家训的内涵。其五，散文形式的家训，如《枕中篇》《庭诰文》等，以叙述祖先创业艰辛历程为主线，启发子孙处世与治家之道。生动的叙述和深刻的启示使其成为家族教育的重要文献。其六，格言形式的家训，如《朱子家训》，内容精炼、通俗易懂、对仗工整，虽篇幅短小但流传甚广，成为教子治家的经典。这些不同形式的家训著作承载着家族智慧和时代印记，既是家族成员的行为指南，也是中华文化传承的重要载体。它们以各自独特的方式发挥着家训的教育功能，为中华民族的文化传承和家族的延续发展做出了不可磨灭的贡献。

三是，实物的形式。传统家训的实物形式在家族文化传承中发挥着重要作用，它们以具体的形态承载着抽象的价值观，为后人提供了丰富的精神滋养和行为规范。在中国传统文化中，家族的标志性建筑、装饰器物、匾额楹联等实物不仅仅是实用的存在，更是传递“礼”之道德观念的重要媒介，充分体现了“藏礼于器”的哲学思想。古人深知这些实物的教化功能，认识到它们在塑造家族文化和传承家族价值观方面起着不可替代的作用。正如蔡元培先生所述：“建筑者，集众材而成者也。凡材品质之精粗，形式之曲直，皆有影响于吾人之感情。”①以祠堂为例，作为家族的标志性建筑，它承载着家族的历史，堂号名称蕴含着祖先的教诲，如王氏诚敬堂、棠樾村世孝祠、杨氏“四知堂”等，分别寄托了诚恳恭敬、忠厚端肃，孝道为本、世代相传，清廉正直等品质期望，强化了家族成员对家族传统的认同和尊重。古代家庭中的装饰器物及其上的图案也反映了家族对优良家风的追求和向往。屏风隔断、青花瓷瓶等器物上绘制的人物故事、花鸟虫鱼等图案，既满足了视觉审美的需求，又寄托了家族对幸福、长寿、富贵等美好愿景。这些装饰器物成为家族文化的一部分，通过日常的接触和欣赏，潜移默化地影响着家族成员的价值观和行为。中华优秀传统家风家训常以匾额楹联的形式呈现。晋商乔家宅院中的匾额楹联蕴含着主人对子女后辈在做人、处事、经商等方面的期望，为后人提供了学习前人优良道德品德的范本。匾额楹联以简洁而深刻的文字，将家族的价值观和期望直观地展现出来，成为家族精神文化的重要标识。建筑、器物和文字载体，既是家族物质文化的体现，更是家族精神文化传承的载体。它们以独特的方式，传递着家族的价值观和期

① 蔡元培.中国人的修养[M].成都：四川文艺出版社，2016：74.

望，影响着一代又一代家族成员的行为和思想。通过祠堂的历史传承、装饰器物的寓意表达、匾额楹联的道德指引，家族的精神文化得以延续和弘扬，成为中华文化中不可或缺的组成部分。

（三）家训的情感性与权威性

传统家训作为一种深深扎根于血亲伦常的教育模式，融合了亲情的感化与家规的约束，乃是历经时间考验的家庭教育方式。家训的情感性特征，不仅使教化过程更加有效，还让其影响力更为持久。家庭教育中的情感交流，恰似春风化雨，在子女的成长历程中，悄然铸就他们的人生观与价值观。这种基于亲情的情感教育，无疑是家训文化中最为珍贵且有效的部分。父母与子女间深厚而紧密的情感纽带，铸就了家训教化在家族成员心灵深处的持续塑造力。亲子之间天然的血缘、供养和情感联系，使得子女在思想道德和物质生活上对父母产生一种天然的依赖，这种依赖赋予了家长在进行家训教化时一种天然的权威性。《颜氏家训》有言："父母威严而有慈，则子女畏慎而生孝矣。"①这表明，父母的权威与慈爱相结合，能够在子女心中培育出敬畏和孝顺之情。

传统家训的权威性特征主要体现在以下几个方面：其一，以身作则的示范作用是传统家训的核心，它强调家长应通过自己的言行来树立权威，如《郑氏规范》告诫："一言不可妄发，一行不可妄为。"②，意味着家长的每一个举动都应谨慎，因为他们是子女学习和模仿的榜样，这种以身作则的行为本身就是一种权威性的体现，要求家长在日常生活中展现出高标准的道德和行为规范。其二，言传身教的教育方式是子女成长最重要的课堂，它决定了子女未来的成长走向，家长的言行不仅传授知识，更重要的是传递价值观和行为准则，这种教育方式的权威性在于它通过实际行动而非空洞的说教来影响和塑造子女，使得教育更加深刻和持久。其三，礼法的遵守与传承也是传统家训权威性的重要组成部分，司马光《居家杂议》有言："凡为家长，必谨守礼法，以御群子弟及家众。"③即是说，作为家长，只有以身作则、现身说法、榜样示范，才能对子女有说服力。其四，道德修养的传递是传统家训权威性的关键，道德高尚的父母更有可能培养出品德优良的子女，这表明家长的道德修养对子女有着直接的影响，家长的道

---

① ［北齐］颜之推．颜氏家训［M］．北京：商务印书馆，2016：07.

② ［元］郑太和．郑氏规范［M］．北京：中华书局，1985：3.

③ 费成康．中国的家法族规［M］．上海：上海社会科学院出版社，2002：255.

德行为和思想观念是子女道德教育的重要来源，家长的道德权威性在于他们能够通过自己的行为来传递正确的道德观念。其五，父母的身教言传对子女的影响是全方位的，它不仅关系到孩子们的道德修养，还影响着他们的行为习惯、思维方式和人生观，这种全方位的影响使得家长的权威性不仅仅局限于道德教育，还包括对子女整体人格的塑造。传统家训的权威性特征在于家长的以身作则、言传身教、礼法遵守与传承、道德修养的传递以及历史与传统的积淀，这些特征共同构成了家长在家庭教育中的权威地位，使得家训能够有效地影响和塑造子女的成长。

第二节　传统家训立德树人的社会基础

一、物质基础：自给自足的农耕经济

在恩格斯的著作《家庭、私有制和国家的起源》中，他深入探讨了家庭与生产之间关系这一历史唯物主义的重要议题。从唯物论的视角出发，他强调了直接生命的生产与再生产对于人类社会发展的至关重要性。具体而言，这种生产包括两个方面：一是，生活资料的生产，涵盖了食物、衣物、住房以及制造这些必需品所需的工具；二是，人类自身的繁衍，即生命的延续。人类社会的发展，在特定时期和地域内，总是伴随着一定的社会结构。

这两种生产方式，即生活资料的生产和人类自身的繁衍，都受到一定的限制。一方面，它们受到劳动发展水平的影响；另一方面，则受到家庭发展阶段的制约。这一理论为探讨传统家训道德教化思想与传统经济之间的关系提供了坚实的理论基础。尽管传统农业社会的生产方式和技术相对落后，但正是这种经济模式，为传统家训及其道德教化思想的内容与实践的产生和发展，奠定了必要的物质和经济基石。

中国拥有独特的地理环境：东南部被海洋环绕，西部则倚靠着连绵的山脊，这种相对封闭的周边地理环境塑造了一个相对独立的生存空间。在这样的自然与地理条件下，重视农业发展成了经济的核心运作模式。长江与黄河这两条大河，不仅为农业生产提供了充沛的水资源，更为华夏文明的孕育提供了坚实

的基础。河流冲积形成的河谷平原，土壤肥沃，极大地便利了以农耕为主导的生产和生活方式的确立。

由此可见，中国特有的自然与地理条件深刻地影响了中国经济社会的发展轨迹与整体风貌。人与土地、自然的紧密联系，使得中国的农耕经济能够保持稳定且持久的发展态势。正如梁启超所言，地理环境与人民生活之间存在着紧密的联系，正是在这种联系的基础上，文明得以形成，历史也随之展开。在这样的地理环境下，人们逐渐形成了具有整体性的世界观。

中国相对封闭的地理环境对古代经济生产模式产生了深远影响，自然而然地催生了以性别分工为特征的男耕女织生活方式。在古代中国，男性主要负责田间农业劳动，而女性则承担家务及手工业等室内工作。农田产出满足了家庭生活的基本物质需求，而家庭日常所需则通过手工制作来满足。这种小农经济与家庭手工业相结合的模式，在当时社会经济中占据主导地位，形成了自给自足的自然经济体系。

中国独特的季风气候与复杂地形，导致旱涝灾害与地质灾害频发。加之古代社会生产方式相对落后，生产工具数量有限且技术不发达，使得人们对土地产生了高度的依赖。人口因此相对集中，劳动力也趋于聚集。这导致了许多家庭和家族在同一地区居住数十年甚至数百年，为了稳定生活，他们倾向于不迁移。

此外，由于生产力低下，个体难以单独满足生产需求或抵御自然灾害，因此家庭成员间的协作劳动成为必然。在农耕经济背景下，人的生存和发展高度依赖于家庭。家庭成员间需要形成紧密的人际关系，以确保共同应对挑战。

儒家文化中的重义轻利观念，作为经济上的价值取向，对中国传统社会经济发展模式和形态产生了深刻影响。这一观念强调家庭成员间的互助与合作，进一步巩固了家庭在经济生活中的核心地位。

孔子区分了君子与小人的价值观，认为君子坚守大义，而小人则偏重利益，这一观点清晰地界定了义与利的关系，确立了义重于利的价值取向。董仲舒进一步强调，行事应秉持公道，不可谋取私利，他提出“明其道不计其功”[①]的理念，即要遵循正确的道路，不应为功利所动，这体现了重义轻利，乃至在某些情况下舍弃利益的原则。儒家义利观对中国古代社会产生了深远影响，导致人们普遍

① 班固.汉书[M].北京：中华书局，1962：154.

轻视商业，将其视为“末业”。统治者大多采取重农抑商的政策，重视农业发展，而抑制商业的兴起。

此外，农耕社会的特性使得人员流动性较低，外来文化难以深入影响普通民众。在这种经济思想背景下，“家本位”的道德教化观念应运而生，它是中国经济文化与政治文化融合共生的产物。

与西方社会倾向于自由、开放、注重个体差异的经济政治特点相比，中国的历史发展呈现出截然不同的面貌。钱穆先生指出，古希腊的雅典和斯巴达等城邦各自为政，它们之间是城市间的结盟关系，而非统一国家。而中国则不同，在漫长的历史进程中，大部分时间都处于统一、稳定的状态，即便遭遇动荡、动乱甚至战争，也被视为国家和民族内部的矛盾。这种统一稳定的国家形态，与西方城邦制的分散状态形成了鲜明对比。

在传统家庭中，物质资料的生产与后代的延续是并行不悖的两大任务。人类社会从最初的两性自然平等，通过男女结为夫妻这一社会关系得以深化和发展。“桃之夭夭，灼灼其华。之子于归，宜其室家。”[①]这句诗就生动描绘了人们对幸福美满家庭的向往。人伦关系的起点，正是丈夫与妻子的夫妇关系。《礼记》中提到，天气下降，地气上升，天地交合而万物得以繁衍，婚礼同样承载着传宗接代、子孙绵延的重任。司马光在《家范》中强调，夫妇关系是人类道德规范中的重要一环。在古代，家庭、婚姻及夫妻关系被高度重视，繁衍生息、传宗接代被视为男女建立家庭的基本且直接的目的，这也是人类伦理观念的基石。男女缔结婚姻，旨在传承先祖遗志，延续家族血脉，确保后代能够继承并发扬光大。

鉴于古代社会生产力水平较低，家庭的长期稳定与发展必须依靠充足的劳动力来支撑。同时，由于古人寿命相对较短，死亡率较高，因此尽早成婚、多生育成为补充劳动力不足的重要手段。婚姻家庭的功能主要体现在两个方面：一是，延续家族血脉，确保家族人丁兴旺；二是，通过繁衍后代，为家庭增添新的劳动力，促进家庭的繁荣与发展。家庭的责任不仅限于生育儿女，更包括将子女抚养成为健康成人。古语云，家庭犹如小国，需有威严之君，此君即为父母。生育与养育，是源自内心深处的自然情感，也是经济社会中父母与子女之间不可分割的血缘与亲缘纽带。除了生育繁衍之外，传统家庭的核心功能之一便是教

① 孔丘等. 诗经·周南[M]. 辽宁：万卷出版公司，2016：7.

育子女，通过教化来引导他们的成长。

在古代，儿童教育很大程度上依赖于家庭。在农业社会中，家庭成员需携手合作，以维持家庭的存在与发展。同时，家庭需以统一的伦理思想来教育并管理家人，确保这些价值观得以传承。家庭教育观念在维护家庭和谐稳定中扮演着至关重要的角色。鉴于对子女教育的迫切需求，家训这一教育形式应运而生。传统家训中的道德教化思想，正是农耕经济社会在家庭教育领域的必然反映。

二、政治保障：家国同构的宗法制度

传统家训立德树人思想，作为传统文化的重要组成部分，其发展不仅受到经济因素的制约，还深受社会政治制度的影响。政治作为人类社会的核心构成，对人类的生活方式和生存状态起着决定性作用。亚里士多德曾指出，人类天生具有政治属性，无法脱离政治制度和环境而独立存在。在中国传统社会，国家被视为家庭和村落的自然延伸。家庭为了满足人们的日常生活和精神需求而发展，进而形成村落，村落再逐步扩展为国家。伦理道德与政治体制之间存在着密切的相互作用，家庭伦理道德与封建专制政治特征相互渗透、影响。在家庭内部，家长拥有极大的权力，负责控制、分配家庭资源，并管理、教育家庭成员。传统家训立德树人思想作为家庭伦理道德思想的一部分，深刻反映了这一历史时期的政治体制特点。中国古代社会政治制度以血缘关系为纽带，构建了包括嫡长子继承制、宗庙祭祀制度、分封制等在内的宗法制度。这些制度是奴隶主阶级和地主阶级专制统治的传承与发展。专制制度与宗法制度的结合，形成了中国长期以来的“家国同构”社会政治结构，对经济、文化、思想等多个领域的发展产生了重要影响，并对传统家训立德树人思想产生了深远的影响。

在明代初期，明太祖朱元璋便高度重视社会教化工作。《明史·后妃列传一》中记载，太祖曾下达训谕：“治天下者，正家为先。正家之道，始于谨夫妇。”[①]这一训谕将治家与治天下紧密相连，认为只有小家庭治理得当，国家才能长治久安，这体现了“齐家治国平天下”的儒家思想。洪武十八年(1385 年)，朱元璋表彰了郑氏义门十五世同居的典范，并封其为“江南第一家”，以此鼓励家庭道

① 张廷玉，等. 明史[M]. 北京：中华书局，1974：3503.

德教化。此外，他还对皇家子弟进行了诸多训谕，进一步推动了明代各家庭实施家庭道德教化。他颁布了《祖训录》来训诫子孙，并要求诸王在宫殿内书写“严祭祀、谨出入、慎国政”①等训言。洪武十一年(1378年)，他又编撰了《诫诸子书》，从修身养德、崇尚节俭、勤政爱民等多个方面对皇室子孙进行了全面的家庭道德教育。此后，明成祖朱棣编纂了《圣学心法》，该书内容广泛引用古代经典，从君臣父子四道入手，旨在“立言以训子孙”。例如，在“父道”方面，该书引用了《说苑》的内容进行训诫：“父母之于子也，慈惠以生之，教诲以成之。”②这指出了教育子女之道在于父母自身的言行，要在给予后辈关爱的同时进行正确的道德教化，使他们明白大义。

在中国历史上，宗法制度是家族制度的政治化体现，它实行严格的家长专制，以血缘关系为统治依据。家庭、家族作为基本单位，家长或族长拥有绝对的权力和地位。小农自然经济模式与宗法制度及君主专制的社会政治制度相结合，共同塑造了中国家训道德教化思想的伦理型特征。在这种思想体系下，“有国才有家”的观念深入人心，人们主动承担起为国分忧的责任，通过制定家训来教育子弟，实现家庭内部的教化，进而促进国家的整体教育。这种对个人道德修养的追求与对人际关系和谐的重视，极大地增强了中华民族的凝聚力和文化认同感，形成了重视根本利益和整体利益的共识。然而，这种伦理型范式也受到了封建思想的影响，如三纲五常、存理灭欲和盲目排外等观念，导致人们过于服从权力、迷信权威等负面后果。宗法与专制的结合进一步推动了儒法合流，使得伦理、法律和政治相互交织，甚至在某些情况下，伦理观念超越了政治和法律的地位。在封建社会中，家长或族长拥有绝对的权力和地位，这为他们在家族内部推行家训、家法和族规提供了有力的政治前提和保障。这种权威地位使得他们能够有效地贯彻和执行家族内部的规章制度，从而维护家族的秩序和稳定。

三、理论支撑：以儒学为核心的传统文化

钱穆先生曾深刻阐述道：“文化是体，历史是此体所表现的相。或说是现

---

① 沈家本. 历代刑法考　律令卷[M]. 北京：商务印书馆，2017：337.

② 张文治 编. 国学治要[M]. 北京：中华书局，2013.

象，在现象背后则必有一体。看着种种相，只能接触到这个体。”[①]钱穆先生的这一观点，正是文化决定论的体现，他强调文化是推动历史发展的核心力量，其影响力甚至超越了经济与政治领域。在他看来，文化是那深藏不露的“体”，而历史则是这一“体”在不同情境下所呈现出的“相”。历史是文化在具体时空背景下的外在表现，而每一个现象背后，都蕴含着文化的深刻内涵。

通过审视历史上的种种现象，我们得以窥见文化的本质。这种看法认为，文化不仅是历史的塑造者，更是历史发展的原动力。从认知与实践两个维度来看，传统家训道德教化在人的价值观形成过程中起着至关重要的引导作用。在中国历史上，思想流派众多，尽管各家的教化理论各具特色，但其核心目的都是服务于国家治理，维护统治阶级的权威。这些理论为传统家训道德教化思想的形成与发展提供了丰富的理论资源。

周公创立礼制，强调天道无私，唯有仁德之君方能得天庇佑，从而将道德教育提升至国家治理的高度。到了汉代，汉武帝独尊儒术，确立了以三纲五常为核心的教化标准，通过道德伦理秩序来构建社会规则。这样的教化体系不仅为传统家训道德教化思想提供了坚实的理论基础，更为其指明了价值方向。

在先秦至秦汉时期，道德教化思想以儒家伦理为核心，同时融合了墨、道、法等诸家的思想精髓。在这一时期，儒家学派的奠基人孔子与孟子将教化的焦点聚集于士大夫及以上阶层的精英人士，旨在通过教育培养他们成为拥有理想人格并能够将这种人格转化为社会治理与国家发展的力量，最终实现“内圣外王”的理想境界。

《大学》一文详细阐述了道德教化的步骤：从“格物致知”“诚意正心”，到“修身齐家”，再到“治国平天下”，其中“修身”是内在圣德的表现，而“平天下”则是外在王道的展现，这一过程将道德与政治紧密相连，视道德为政治稳固的基石。

儒家道德教化思想主要包含三个方面：道义、理想与至善。其一，“道义”是道德教化的根本原则。儒家早期对“义”与“利”的探讨，成为区分君子与小人的重要标准。义利观强调“以义为本”“重义轻利”“安贫乐道”等原则，指导道德教化。孔子的弟子颜回，即便在极度困苦中仍坚持学习，展现了君子在逆境中的高尚品质。

其二，“理想”是道德教化的追求目标。它包含三个方面：一是，独善其身，

---

① 钱穆．中国文化丛谈[M]．台北：三民书局，1969：54．

即在世道混乱时保持个人品德的纯洁；二是，守死善道，勇于坚持真理并不断学习；三是，以身殉道，为了理想不惜牺牲生命。孔子强调，真正的志士仁人不会因为求生而放弃仁德，甚至会为了成就仁德而牺牲生命。

其三，“至善”是道德教化的终极结果，即人格的完美。至善的核心包括“忠恕”“中庸”与“成人”。“忠恕”之道是孔子一贯主张的道德原则；“中庸”则是道德修养的最高境界；“成人”则是通过学《诗》、学《礼记》、学《乐经》，逐步培养和完善个人品德，达到最高人格的成就。“内圣外王”不仅是儒家的政治伦理，也是道德教化将个人德性推向社会政治实践的途径。儒家道德教化具有强烈的精英意识和阶层观念，对于提升精英阶层的道德境界具有重要意义。

在春秋战国这一动荡变革的时代，新兴地主阶级中的激进派成为法家的核心力量，他们在政治舞台上占据了一席之地，代表人物包括管仲、李悝、吴起及商鞅等。这些法家先驱坚决拥护法律的权威，积极倡导变法与法治建设，期望借助法律的力量推动社会教化。管仲主张礼法并行，强调道德教育应与法制教育相辅相成；而与管仲有所不同的是，商鞅与韩非则对儒家所推崇的道德教育持不同意见，他们主张将道德教育与法制教育融合，通过严厉刑罚来实现道德教化的目的，提出了“德生于刑”的观点，认为刑罚的最终归宿是道德的恢复。韩非子还指出，“圣人之为国也，壹赏、壹刑、壹教”，即圣人在治理国家时，应奖赏分明、刑罚公正、教化有力，这三者相辅相成，奖赏能激励士气，刑罚能确保政令畅通，教化则能赢得民众的遵从。这揭示了教化作为统治者维护统治、贯彻政治理念、顺应社会发展需求的重要教育手段。

与此同时，道家作为士阶层的一部分，秉持着超然物外的态度审视政治与社会。他们倡导自然主义的教化理念，对当时的政治制度与道德文明持批判态度，主张“无为而治”，向往“小国寡民”的理想社会。道家对孔子提倡的“仁”与“义”进行了猛烈抨击，认为这是对“人性”的扭曲，主张维护民众的自然本性。因此，道家主张挣脱礼制的束缚，以“道”为本，回归原始状态，保持人的自然纯真。他们身体力行，以身作则，通过“行不言之教”这种自然而然的方式进行教育。儒、法、道三家思想在相互碰撞与融合中，为先秦至秦汉时期的道德教化思想发展作出了巨大贡献，形成了丰富多彩、相互补充的理论体系。

自魏晋之后，佛教在南北朝及隋代期间在中国得到了广泛的传播与发展，与道教一同对中国的政治、经济领域，尤其是意识形态层面产生了深远的影响。随着法家势力的逐渐减弱，原本儒、法、道三者间的对立与互补关系，转变为儒、道、佛三者间的矛盾交织与相互融合的新态势。

这一过程具体体现在儒家所倡导的积极入世精神与佛教、道教所主张的超脱世俗思想，在相互矛盾中寻求融合与发展。

佛教，这一源自印度的宗教，于西汉末期初入中国，历经漫长且曲折的发展历程，至南北朝时期达到兴盛，隋唐时期更是达到了鼎盛，形成了具有中国特色的佛教教义与教化思想。佛教之所以能在中国生根发芽，与主流的儒家思想及本土的道教思想相抗衡，关键在于其一方面积极适应中华民族的心理特质，努力与儒家思想相协调，融入中国文化土壤；另一方面，统治者出于“柔化人心”、教化民众、化解社会矛盾的目的，对佛教给予了大力支持。

道教，作为中国本土宗教，其道家思想虽在教化方式上与儒家有所不同，强调“不言”与“无为”，但在服务于政治统治这一点上，道家与儒家不谋而合。道家所倡导的“无为而治”，虽看似消极避世，实则是对国家治理的一种智慧，为统治阶级提供了治国理政的建议，同时也寄托了对理想政治状态的向往。尽管道家教化思想带有消极色彩，但这并未削弱其对政治的影响力。

在西汉初期与唐朝初期，统治者均将道家思想作为主流政治观念，并在维护社会稳定、加强国家治理方面取得了显著成效。尽管在南北朝时期，佛教与道教的基本理念倾向于出世，与儒家经世致用的入世传统存在显著冲突，但三者在柔化人心、教化民众、服务于封建统治方面具有共通之处，这为三者间的调和提供了可能。隋朝哲学家王通提出了调和佛、道、儒的方法，倡导三者在理论上相互靠近、彼此借鉴、相互完善，这一思想为后来宋明理学的形成奠定了基础，宋明理学正是兼采三教之长而发展起来的。

通过上述分析可以清晰地看出，古代道德教化理论深具伦理色彩，属于伦理型文化的范畴。在这一文化中，伦理思想与哲学、政治、法律、宗教相互交织，共同构建了一个以儒学为核心，儒、道、释三家相互影响、相互借鉴、相互补充的文化格局。这一格局特别体现在儒家思想对个体德行培养的深切关注上，儒家伦理精神成了传统家训道德教化思想的理论基石，并对其教化过程产生了深远影响。儒家文化的“修齐治平”思想，即“物格而后知至，知至而后意诚，意诚而后心正，心正而后身修，身修而后家齐，家齐而后国治，国治而后天下平”，深刻阐述了从个人修养到家庭治理，再到国家治理乃至天下太平的递进关系。修身、齐家、平天下分别对应着个人层面的自律要求、社会层面的行为准则以及国家层面的治理愿景。

传统家训道德教化思想中，孝悌伦理被反复强调。例如，袁颢的《袁氏家训》就生动描绘了建文帝朱允炆侍奉明太祖朱元璋的至孝场景：在洪武三十一年夏四月，太祖身体不适，情绪暴躁，对侍从多有打骂。太孙朱允炆则亲自侍奉，无论大小事务皆亲力亲为，甚至亲自品尝药物后再呈送，太祖的排泄器具也由他亲自处理。他始终保持和颜悦色，使得太祖的情绪逐渐平复。每当夜深人静，太祖有需要时，朱允炆即刻应答并处理，有时整夜无眠。建文帝对祖父的悉心照料，直至太祖去世，他形容枯槁，这一孝行赢得了群臣百姓的高度赞誉，被誉为“天子纯孝，举世罕见”。

传统家训道德教化思想正是儒家文化精神的体现，无论是天子还是商贾工农，都以儒家思想为指导，制定家训以教育子孙后代。这些家训将理想人格的追求和政治抱负的实现作为教育内容，从道德层面规范子女的行为。

第三节　传统家训立德树人的道德准则

一、慎独自省与立志勉学

传统家训承载着培育子女成为有德之人的初心。明代高攀龙在《高氏家训》中教诫后人：“吾人立身天地间，只思量作得一个人，是第一义，余事都没要紧。”[①]在修身做人的教诲中，传统家训尤为重视“慎独”。羊祜《诫子书》中有言：“恭为德首，慎为行基。”[②]曾国藩更是将“慎独”列为“日课四条”之首，认为“慎独则心安。自修之道，莫难于养心”[③]。传统家训文化中的慎独教育注重内省，如汉代蔡邕在《女训》中教导女儿：“面一旦不修饰，则尘垢秽之；心一朝不思善，则邪恶入之。……立髻，则思其心之正也；摄鬓，则思其心之整也。”[④]强调在修饰外表的同时更要注重内心修养，保持心灵纯洁有序。在实践修身养性之路上，曾国藩推崇写日记以促进自我反省与改正错误，在家书中向弟弟建议“每日一

① 赵振. 中国历代家训文献叙录[M]. 济南：齐鲁书社，2014：242.
② 周彪. 中国家训精华[M]. 天津：天津古籍出版社，2018：71.
③ 曾国藩. 余正平，伍志洪译. 曾国藩家书[M]. 广州：广州出版社，2004：224.
④ 徐少锦，陈延斌. 中国家训史[M]. 北京：人民出版社，2011：201.

念一事，皆写之于册，以便触目克治，亦写楷书”[①]。这种方式有助于个人在书写中进行自我审视，促进品德完善。

中国传统家训尤为重视子女立志勤学。魏晋嵇康在《家诫》中强调“立志”的重要性，称“人无志，非人也”，认为“无志”则非完整之人。传统家训强调修身养性先立志，且要立长志，树立崇高理想抱负。诸葛亮在家信中教导外甥庞涣“志当存高远，慕先贤”，鼓励其怀抱远大志向，以古代圣贤为榜样学习高尚品质。

传统家训历来勉学重教，勉学即劝学，为儒家修身学说核心部分。清代张英为子孙立训，指出“予之立训，更无多言，止有四语：读书者不贱，守田者不饥，积德者不倾，择交者不败”[②]。读书不仅能怡养心灵，对修身养性、净化心灵至关重要，且读书的目的不应仅为追求功名，更在于养心与赢得他人敬重，《聪训斋语》有言：“读书固所以取科名，继家声，然亦使人敬重。”[③]可见，张英对家族后代寄予厚望，以“勤勉不怠”精神激励他们，强调“勤”为读书人的成功关键，谆谆教导家族子弟勤于阅读、思考、实践与创作，确保深刻理解掌握知识。张英的教诲既体现对教育的重视，又反映对子孙后代的深切关怀，期望培养出既有知识又有品德的后代，使其能在社会立足，为家族带来荣耀。这些家训智慧至今仍具重要启示，激励我们不断学习，追求知识与品德的双重提升。“慎独自省”要求我们在无人监督时也能坚守道德准则，通过内省发现并改正自身不足；“立志勉学”则鼓励我们树立远大志向，勤奋学习，以提升自我修养和社会地位。传统家训中的这些理念，为我们的个人成长和社会发展提供了宝贵的精神财富。

二、“孝老爱亲”与“兄友弟恭”

儒家思想将孝悌视为立身处世之根本。《论语・学而》开篇就指出：“孝弟也者，其为仁之本欤。”[④]传统家训高度重视孝悌在家庭和谐中的作用，孙奇逢在《孝友堂家训》中有言曰：“父父子子、兄兄弟弟，元气固结而家道隆昌。”[⑤]明朝姚

---

① 曾国藩. 余正平，伍志洪译. 曾国藩家书[M]. 广州：广州出版社，2004：13.

② [清]张英. 张英全书(上)[M]. 安徽：安徽大学出版社，2013：515.

③ [清]张英. 张英全书(上)[M]. 安徽：安徽大学出版社，2013：519.

④ [春秋]孔子. 论语[M]. 北京：中华书局，2016：2.

⑤ 徐少锦，陈延斌. 中国家训史[M]. 北京：人民出版社，2011：694.

舜牧所著传世家训《药言》曰："不孝不悌，便不成人了。"①。《增广贤文》中曰："羊有跪乳之恩，鸦有反哺之义"，即以动物本能比喻子女对父母的感恩，强调应以实际行动回报养育之恩。

元代孝道模范集《二十四孝》后世题咏记载了汉文帝刘恒亲尝汤药、为母侍疾的故事："仁孝临天下，巍巍冠百王。莫庭事贤母，汤药必亲尝。"②传统家训强调孝还体现在对逝去亲人的"慎终追远"上，如《颜氏家训》有言曰："四时祭祀，周、孔所教，欲人勿死其亲，不忘孝道也。"③在传统家训中，"弟"与"悌"同义，强调"兄友弟恭"的美德。颜之推在《颜氏家训、兄弟篇》中指出："兄弟者，分形连气之人也。"司马光在《家范》中也指出："夫兄弟至亲，一体而分，同气异息。"④兄弟间情同手足，则家庭和睦，反之则破坏家庭团结。传统家训中的孝悌观念不止于直系亲属，还扩展到宗族和乡党群体，倡导广泛孝道，孟子"老吾老，以及人之老；幼吾幼，以及人之幼，天下可运于掌"，便体现了普遍仁爱精神。传统家训中的"孝老爱亲"与"兄友弟恭"是中华民族传统文化的重要组成部分，对构建和谐家庭、稳定社会秩序有着不可磨灭的价值和意义。

三、勤俭持家与重信重义

中华优秀传统家训特别重视勤俭持家。朱子《治家格言》有言："一粥一饭，当思来处不易；半丝半缕，恒念物力维艰。"朱柏庐则凭借朗朗上口、易于记忆的格言式家训，培育家人子弟俭朴持家的生活习惯，通过这种方式将勤俭持家的理念融入家族成员的日常生活行为准则之中。许多为官者也极为看重勤俭持家，宋代司马光专门撰写《训俭示康》用以训诫儿子司马康，期望司马康能以"俭素为美"。在《训俭示康》中，司马光强调"由俭入奢易，由奢入俭难"，告诫儿子要居安思危。他还指出为官者虽暂时拥有富足的俸禄，但富足的俸禄不可能永存。一旦习惯了奢靡的生活方式，缺乏勤俭节约意识，当家族遭遇变故时，便会陷入困境，最终走向衰败。晚清大臣曾国藩同样高度重视"勤俭"，在同治三年六月初四(1864 年 7 月 7 日)致澄弟的信中，他提出"有福不可享尽，有势不可尽

① [明]姚舜牧. 药言[M]. 北京：中华书局，1985：1.

② [元]郭守正 编，二十四孝[M]. 北京：华龄出版社，1997：35.

③ [北齐]颜之推. 颜氏家训[M]. 北京：中华书局，2016：340.

④ 司马光. 家范[M]. 长春：北方妇女儿童出版社，2001：123.

使，福不多享，故总以俭字为主”①。不仅如此，曾国藩更是以自身的实际行动为家族树立了勤俭节约的典范。在饮食上，他每餐仅食用一个菜，且多以清淡的豆腐为主，这种简单质朴的饮食选择充分展现了他对物质享受的克制。曾国藩以身作则的行为示范，使得“勤俭”的观念深深地烙印在曾氏族人的思想意识里，成为家族文化传承的核心要素之一，对维持曾氏家族长期的兴旺发达起到了极为关键的作用。

除了勤俭持家，重信重义在传统家训中同样占据重要地位。以河洛地区的康百万家族为例，其家族繁衍昌盛了十二代，前后历时四百多年，创造了“富甲三省，船行六河”的辉煌成就。其家族能够如此繁荣昌盛的一个关键因素便是拥有重信重义的优良家训家风。在康家的经商家训体系里，“信”被视为经商兴家的首要原则。康家家训开篇便提出“经商结交务存吃亏心，酬酢务存退让心”，以此教导康家子弟在商业经营活动中始终坚守诚信底线。同时，“为人以义”也是康家经商家训的重要内容。康氏家族在长期的经商实践中，始终坚定地秉持“义中求财，财归于义”的义利观，将道德仁义与商业利益有机融合，实现了商业经营与家族声誉维护的平衡。

四、和待乡邻与造福乡里

习近平总书记强调，“亲仁善邻、协和万邦是中华文明一贯的处世之道”。传统的乡土社会是以小农经济为基础的熟人社会。在这样的社会背景下，传统家训格外重视邻里关系。

南宋袁采在《袁氏世范》中劝告家人“居宅不可无邻家，虑有火烛，无人救应”②，强调与邻居保持和睦友好的关系在生活中的重要性。在处理邻里利益冲突时，传统家训强调谦让与以和为贵。《郑氏规范》叮嘱族人“当以和待乡曲，宁我容人，勿使人容我”③。“六尺巷”的故事便是邻里间互相礼让的典范。清朝大臣张英面对家人与邻居的三尺地争执，以“一纸书来只为墙，让他三尺又何妨？万里长城今犹在，不见当年秦始皇”劝家人退让，最终邻里关系和好如初，成为后世传颂的佳话。袁采在《袁氏世范》中以邻里借东西为例，提醒子孙即使是米

① ［清］曾国藩 著，董力 编．曾国藩家书［M］．成都：四川文艺出版社，2008：172．
② ［宋］袁采．袁氏世范［M］．刘云军，校注．北京：商务印书馆，2017：128．
③ 费成康．中国的家法族规［M］．上海：上海社会科学院出版社，2016：232．

盐酒醋等小钱之物，频繁借取也会令人厌烦。中华优秀传统家训还体现出普惠乡邻、造福乡里的美德。吴越王钱镠在《钱氏家训》中教导子孙“惠普相邻。恤寡矜孤，敬老怀幼。赈灾救急，排难解纷”①。《郑氏规范》要求郑氏子弟秉承“救难怜贫”原则，资助贫苦族党乡人，如借粮免息、修桥补路、设置茶水站、兴办学校、收集药材治病等。明代高攀龙在《家训》中嘱告家族成员乐善好施、矜贫救厄，认为“残羹剩饭亦可救人之饥，敝衣败絮亦可救人之寒……切切为贫人算计，存些赢余，以济人之难。去无用可成大用，积小惠可成大德”。清代朱柏庐在《朱子治家格言》中要求家人“见贫苦亲邻，须多温恤”。

传统宗规族训不仅要求帮助贫家子弟，还叮嘱勿伤其自尊心，体现了以人为本的教化理念，彰显了家族的责任感和深厚的人文关怀。传统家训中的邻里关系阐述，充分体现了勤俭持家与重信重义的价值观。这些价值观在传统社会中对于构建和谐邻里关系、稳定社会秩序发挥了重要作用。

五、尽忠报国与清正廉明

“家是最小国，国是千万家”，诚如习近平总书记所指出的：“没有国家繁荣发展，就没有家庭幸福美满。同样，没有千千万万家庭幸福美满，就没有国家繁荣发展。”②家庭与国家向来是相互依存、荣辱与共的命运共同体。传统家训将对子孙的爱国主义教育置于重要位置，致力于把尽忠报国的治国理念融入子孙后代的思想观念之中。南宋的民族英雄岳飞，年少时其母亲便将“精忠报国”四个大字刺于其背部，激励岳飞铭记家训，报效祖国。岳飞不仅自身传承并践行优良家训，还以“文臣不爱钱，武臣不惜死”的家训激励后人，传承爱国精神。南宋民族英雄文天祥，对国家一片赤胆忠心。他在给长妹懿孙的信中写道：“收柳女信，痛割肠胃。人谁无妻儿骨肉之情？但今日事到这里，于义当死，乃是命也……”③千古名句“人生自古谁无死？留取丹心照汗青”淋漓尽致地展现了身为忠臣的拳拳报国之心，凸显了文天祥誓与国家共存亡的爱国精神以及宁死不屈的民族气节，激励着一代又一代中华儿女为国家和民族奋勇向前。不仅古代如此，在中国近代，诸多仁人志士亦是如此。民族英雄林则徐在赴虎门销烟时，

① 牛晓彦. 钱氏家训[M]. 北京：北京理工大学出版社，2012：132－141.
② 习近平. 在二〇一九年春节团拜会上的讲话[N]. 人民日报，2019-02-04.
③ 丁振宇. 中华名人家书[M]. 北京：北京工业大学出版社，2015：181.

通过一封封家书对子弟进行爱国教育，他在家书中写道："夫余生逢盛世，明知禁烟妨碍英夷大利，必有困难，而毅然决然，不敢稍存畏葸之心，大盖以身许国，但求福国利民，与民除害，自身生死且尚付诸度外，毁誉更不计及也。"①

纵览中华数千年的历史长河，各个朝代都涌现出诸多洁身自重、清廉自守的典范人物，他们为民族的富强以及国家的发展贡献了巨大力量。例如，北宋时期的大臣包拯，以执法公正、不畏权贵而闻名于世，世人尊称其为"包青天"。包拯为官铁面无私，曾对自己亲属的违法违纪行为予以惩处，也敢于弹劾皇亲贵族。在"包拯家训"碑载："后世子孙仕官有犯赃滥者，不得放归家本。亡殁之后，不得葬于大茔之中，不从吾志，非吾子孙。"②由此可见，包拯对于子孙在为官之道方面的要求极为严苛。大明名臣海瑞，素有"包公再世"之称，其一生清正廉明、刚正不阿，坚决抵制奢靡腐败之风。他在上任时仅以骡作为坐骑，拒绝乘船坐轿等更为舒适的交通方式。《明史》对他赞誉有加，评价道："秉刚劲之性，憨直自遂，盖可希风汉汲黯、宋包拯，苦节自厉，诚为人所难能。"③晚清名臣、中国近代海军创始人沈葆桢，时常告诫儿孙切不可过度追逐官位，坚守不贪不占、清正廉洁的为官操守。

第四节　传统家训立德树人之道的价值功能

一、塑造淳厚民风

在家国同构的历史格局中，家族与国家紧密相连。家族长期作为社会基本单元存在，在结构与功能上与国家相互对应关联。家训、族规所秉持的伦理规范，与统治者推崇的儒家思想深度契合、彼此支撑。家训、族规着力于家族成员行为规范与品德塑造，以保障家族内部秩序与延续；儒家思想则为庞大国家统治体系奠定伦理基石并提供治理理念。二者一微观一宏观，如一体两面，共同构建起封建社会伦理与秩序之网。如此一来，家庭伦理与社会伦理界限渐趋模

① 李茂旭，郭齐家 主编. 中华传世家训经典(全四卷)[M]. 北京：人民日报出版社，1998：76.

② 陶清澈. 名门家训[M]. 哈尔滨：哈尔滨出版社，2016：134.

③ [清]张廷玉等. 明史(卷 201－246)[M]. 长春. 吉林人民出版社，2012：3954.

糊。家庭伦理聚焦家族亲情、长幼秩序与事务处理;社会伦理侧重社会公共事务、政治治理等层面的道德规范。但在家国同构及思想交融影响下,二者过渡自然流畅。如《孝经》所言,“君子之事亲孝,故忠可移于君。”“居家理,故治可移于官。”家庭伦理延伸为社会伦理的模式在中国封建社会意义非凡。它强化了家族对国家统治秩序的支撑,也让国家伦理深入家庭。

统治阶级为巩固此融合秩序,运用多元手段:树立榜样,使民众有直观学习标杆;借助儒家教义等进行道德感化,培育民众对伦理规范的认同与敬畏;掌控舆论,营造推崇伦理规范的氛围;建立评价机制,奖惩民众行为;将相关行为规范伦理政治化,成为个人品德衡量与仕途晋升关键。通过这些手段,家庭风气建设与社会风气净化高度统一。

这种家庭与社会风气的良性互动,构成封建社会长期稳定运行的重要根基,深刻影响着中国封建社会的发展进程与社会风貌,在历史长河中留下深刻且持久的印记,成为传统文化与社会结构中独特而关键的部分。

二、凝聚民族精神

传统家训文化中的“重德”传统贯穿古今,从“五帝禅让”所体现出的高尚品德,到周公“以德配天”的理念,从孔子对仁义的尊崇,再到《颜氏家训》着重强调门风节操、司马光编著《家范》选取美好家行以及曾正文公的“八好”之教等,都凸显了对道德的高度重视。这种重德的教化首先作用于个体,能够显著提升接受训诲之人的道德品性,塑造出品德优良的个体。而个体德性并不会局限于个体,当它们外化为日常行为、社会实践时,便会在整个民族范围内产生积极影响,有力地推动民族道德品性不断优化与发展。通过塑造良好的道德氛围,为陶冶高尚的民族品格创造条件,助力民族凝练出远大且崇高的理想,也为锻造坚定的民族志向奠定基石,进而在民族内部催生出巨大的凝聚力量。正是凭借着这股由“重德”传统汇聚而成的凝聚力,中华民族在漫长的历史长河中,即便遭遇诸多艰难困苦、历经无数磨难,却依旧能够坚韧不拔、愈挫愈勇,铸就了令世界瞩目的华夏文明以及传承至今的传统美德,使得整个民族紧密团结在一起,让民族精神在传承与磨砺中愈发熠熠生辉。

三、维系社会和谐

在中国封建社会,家训成了法律体系之外的一种约束机制,尤其在提升道德标准和预防违法行为方面起到了辅助作用。特别是在明清两代，面对社会风气的败坏，众多家族通过制定严格的家训、家规和家法来对年轻一代进行管教。这些家族法规在一定程度上扮演了地方法律的角色，有效地处理了民间的争执，调整了人际关系，加强了封建统治的根基。传统家训中规定的惩罚措施多样，从轻微的体罚到严重的开除族籍、移交官府处理，这些措施增强了家训的威力，辅助了国家法律的实施。这种方法使得家族内部的规章制度成了规范成员行为的准绳，同时也对社会的和谐与稳定起到了积极作用，切实补充了国家法律体系。家族自治的实践在减轻了国家司法系统的工作量的同时，通过家族成员的自我监督和自我控制，增强了社会治理的实际效果和效率。这种基于家族的自我管理机制，不仅提升了家族成员遵守规则的自觉性，还通过家族内部的纪律执行，加强了对社会规范的遵守，从而在更广泛的社会层面上维护了秩序和促进了稳定。

四、传承儒家文化

传统家训不仅是儒家理念在家庭层面的体现，也是这些理念得以传承和发展的关键。传统家训通过将儒家的抽象思想具体化和日常化，使之成为家庭生活的一部分。《颜氏家训》就是一个典型的例子，它不仅引用了儒家的经典语句，还详细阐述了儒家的核心价值观，如仁爱、正义、礼仪、智慧和诚信等，并强调了温和、善良、恭敬、节俭、谦让、忠诚、孝顺、廉洁、羞耻和勇敢等品质。这些价值观和品质被融入到对家族成员的教育中，指导他们在个人发展、家庭互动、社会责任和日常事务处理中遵循儒家的教导，从而在实际生活中实践儒家的道德和智慧。儒家的教义不仅对个人的道德发展有益，也对家族的团结和社会的秩序稳定起到了积极作用。即使在儒家影响力受到冲击的时期，如魏晋南北朝，家族依然坚守并传递儒家的理念。传统家训不仅承载了儒家文化的精髓，而且通过将儒家复杂的理论简化为通俗易懂的形式，促进了这些思想在家庭中的普及和实施。由于儒家经典通常以难以理解的文言文写成，这限制了它们在普通人群中的传播。

家训以其贴近生活的语言和亲切的形式，使得即使是文化水平不高的人也能够领会和实践儒家的理念。以《朱子治家格言》为例，它以简洁、易懂的语言和韵律感强的风格，强调了对仗和节奏，使其易于背诵和流传。《朱子治家格言》中蕴含着众多言简意赅、意义深远的名言警句："勿贪意外之财，勿饮过量之酒"，告诫人们要坚守道德底线，不为不义之财所动，保持适度的生活方式；"童仆勿用俊美，妻妾切忌艳妆"，强调了生活中的质朴与内敛，避免过度追求外在的浮华；"宜未雨而绸缪，毋临渴而掘井"，则提醒人们要有前瞻性和规划性，提前做好准备以应对未来的挑战；"施惠无念，受恩莫忘"，教导人们在施与帮助时不要心存功利，而在接受恩惠后要铭记感恩。

为了使子孙后代能够深刻理解并践行儒家的重要思想，教育者在制定家训时，往往会紧密结合个人或他人的实际人生经验。他们将儒家的理念进行具体化处理，转化为日常生活中的行为指导。通过这种方式，有效地避免了道德教条的抽象和空洞之感。从具体的人和事出发，使得儒家的道德教育更加贴近生活实际，易于被人们理解和执行。借助这种具体化的教育方法，家训成功地实现了"化民成俗"的显著效果，极大地增强了儒家文化的传承力。

家训中的这些生活指导，一方面在理论层面上为人们提供了如何做人做事的指引，另一方面在实践中引领人们在日常生活的点滴之中体会儒家的道德修养。如此一来，儒家文化得以在家族和社会中得到切实有效的传承和发扬。

曾家八字家训

首行“书蔬鱼猪”(自右至左)，曾家重视教育，崇尚耕读并举，读书修身之外，还需种蔬养鱼、饲猪务实，本现了勤俭自立的家风。

次行“早扫考宝”，寓意清晨即起，打扫庭除，以小事修身，敬祖孝亲、邻里和睦，乃传家之宝。

“书蔬鱼猪”与“早扫考宝”是曾国藩融合理学与湖湘民风的治家纲领，其倡导的耕读并举、勤俭自律深刻塑造了近代文化品格。

第二章　曾国藩家训及其立德树人思想的形成

曾国藩的一生波澜壮阔，其经历在不同阶段呈现出鲜明的特点，从早年科举的艰辛求学到京官时期的学术积累与仕途晋升，再到湘军戎马生涯的跌宕起伏以及晚年的功成身退与余晖岁月，各个阶段都对他的思想产生了深刻的塑造作用。本章将系统梳理曾国藩的生平轨迹，深入剖析他以“立德”“立功”“立言”为核心的人生追求在不同时期的演变，全面介绍《曾国藩家书》的重要地位与独特价值，以及其在流传过程中所经历的复杂变化。同时，从修德经验的提炼、儒家思想的熏陶、湖湘文化的滋养、父辈的言传身教及良师益友的助力等多个维度，详细探究曾国藩家训立德树人思想的形成条件。通过对这些方面的深入研究，揭示曾国藩家训思想形成的多元因素与内在逻辑，展现其思想体系的丰富内涵与深厚底蕴。

第一节　曾国藩的生平概述

一、早年科举之路

在父亲的私塾接受了七八年的教育后，曾国藩于十六岁（道光六年，1826年）参加了长沙府举办的童子试，并成功取得第七名的佳绩，考取生员（秀才）。到了二十岁（道光十年，1830年），他进入衡阳唐氏家塾求学，师从汪觉庵先生。次年，他转学到湘乡涟滨书院，并在此完成了学业，同时将自己的别号改为“涤生”。尽管曾国藩早年的科举之路并非一帆风顺，曾七次参加院试方中秀才，但相较于其父曾麟书多次科举不中的经历，他的科举之路已算是较为顺畅。道光十三年（1833年），二十三岁的曾国藩成功通过了科试，被县学录取，这距离他父亲考取功名仅一年之遥。同年年底，他与欧阳氏结为连理，开启了长达四十年的共同生活。次年（道光十四年，1834年），曾国藩进入岳麓书院，师从欧阳厚均先生，并在秋天参加了乡试，一举中得第三十六名举人。这一成就对于曾家而言意义非凡，几百年来曾家首次有族人成为举人，全家上下都沉浸在喜悦之中。曾国藩也首次感受到了为家族争光的成就感。第二年，肩负着家族的期望，曾国藩前往京城参加会试。然而，他并未如愿上榜。由于次年(道光十六年，1836年)是慈孝皇太后的六十大寿，朝廷决定举办恩科，于是曾国藩选择留在京城，继续备考。在京城读书备考的这一年里，他的学术视野得到了极大的拓展。据年谱记载，他在会试落榜后留在京城读书，深入研究经史，尤其推崇韩愈“文以载道”的思想，并立志革新文风。从此，他开始涉足八股文以外的学术领域，转向理学、考据学及经世致用之学对经史产生了浓厚的兴趣。这一时期的学术积累，为他后来改革桐城派并创建湘乡派古文词奠定了坚实的基础。

道光十六年，曾国藩第二次参加会试，遗憾的是他再次未能上榜。鉴于京城生活开销庞大，且下一次会试还需等待两年，他决定不再留京，而是选择了一条经过江南的路线返回湖南老家。途中，他特意拜访了在睢宁任职的湖南同乡、知县易作梅。这次拜访，曾国藩展现出了非凡的魄力与决断力。据年谱记载，他在京城逗留已久，经济拮据，便向易作梅借贷百金，经过金陵时全部用来购买书籍，资金不足时甚至典当衣物以凑足费用。一个清贫的书生，敢于借贷巨款并典当衣物购书，无疑显示了曾国藩超越一般举子的勇气和远见。回到湘乡后，曾国藩的这一举动并未遭到祖父和父亲的责备，反而得到了他们的鼓励。父亲曾麟书在了解事情经过后表示，只要他能专心研读这些书籍，就值得他为之周旋作善后处理。从此，曾国藩开始了早起晚睡、博览群书的生活，他几乎足不出户，持续近一年时间。这样的苦读，不仅拓宽了他的视野，也为他参加下一年的会试奠定了坚实的基础。在此期间，曾国藩还结识了两位挚友——刘蓉和郭嵩焘。当他路过长沙时，与这两位朋友切磋诗文，共度数月时光，结下了深厚的友谊。经过两年的精心准备，道光十八年(1838年)，曾国藩再次踏上赴京赶考的旅程。这一次，他终于不负众望，在会试中取得了第三十八名的成绩，并在随后的殿试中获得三甲第四十二名，被赐予同进士出身。然而，这两场考试的成绩并不足以让他直接进入翰林院。幸运的是，在随后的朝考中，曾国藩名列一等第三名，道光皇帝更是亲自将他提升为第二名，并选入翰林院庶吉士。至此，曾国藩的科举之路画上了圆满的句号，他正式踏入士大夫行列，开启了官宦生涯的新篇章。这一年，他二十八岁，并在朝考后正式更名为“国藩”。

二、居京为官岁月

道光十八年八月(1838年9月),曾国藩请假回到了家乡。在接下来的一年多时间里,即到道光十九年(1839年)年底他重新启程返回京城之前,他的主要活动包括走访亲戚、游览贤祠以及参与族谱的修缮等。据《曾国藩年谱》记载,从道光十九年四月开始,曾国藩遍访了衡阳、耒阳、永兴、清泉、邵阳、武冈、新化、蓝田等多个县市。每到一地,他不仅遍访亲友,更重要的是,他还积极为将来的官宦生涯做准备,拜访并联络地方上的绅士和长者。这些活动无不体现了传统社会中儒学士大夫对家族、乡土以及政治相互之间紧密关系的重视。此外,这次返乡还为曾国藩的官宦生涯解决了一个后顾之忧。在家族庆宴上,他的祖父曾玉屏(星冈公)特别嘱咐他的父亲:我们家以务农为生,即使富贵了,也不要忘记本分。他现在是翰林,前途无量,家里吃穿用度就不要去让他烦了,以免让他分心。有了家庭的支持,曾国藩在之后的十二年京官生涯中,从未因家庭琐事而分心。由于第二年四月(1840年5月)翰林院要举行散馆考试,曾国藩于道光十九年十一月(1839年12月)离开了家乡,返回京城。在散馆考试中,曾国藩取得了二等第十九名的成绩,经过引见后,他被授予翰林院检讨的职位,正式开启了他在京城的官宦生涯。从道光十九年(1839年)开始,他养成了每天写日记的习惯,这一习惯一直持续到他去世的前一天。

在经历了两年的沉寂之后,曾国藩的仕途于道光二十三年(1843年)迎来了重要的转折,并从此一帆风顺,步步高升。这一年,他参加了朝廷的翰詹大考,在124名考生中脱颖而出,名列二等第一(实际排名为第六),因此被晋升为翰林院侍讲(从五品),这一职位比他之前的翰林院检讨(从七品)高了四级。当时年仅33岁的他在家书中难掩自豪之情,向家人汇报说:在湖南,通过大考升官的,从前只有陈文肃公(名大受,乾隆朝宰相)以编修升侍读,位列一等第一;近来则是胡云阁先生以学士升少詹,位列二等第四。算上我,湖南只有我们三人。虽然我的名次没有陈文肃公那么高,但升官的幅度却与他相同……字里行间透露出满满的自豪感。同年七月,曾国藩被任命为四川乡试正考官,十二月又充任文渊阁校理。此后,他的仕途如同芝麻开花节节高。

在这十二年(1840—1852)的京官生涯中,曾国藩不仅留下了令人瞩目的升迁记录,还致力于两项重要的活动:一是,深入钻研学问,二是,广泛结交士人。

首先，让我们聚焦于他的学术追求。曾国藩的少年时期是在湖南一个偏远山村度过的，虽然早早进入私塾学习，但除了阅读八股文书籍之外，他几乎没有机会接触其他书籍。直到他进京参加科举考试，才初次领略到书籍的浩瀚和学问的深邃。这一点在他给弟弟们的家书中有所体现，他提到自己年轻时天分并不低，但由于长期与平庸之辈相处，眼界受限，思维闭塞。直到道光十五年（1835年，他第一次参加会试落榜后留京读书的那一年）来到京城，他才立志学习诗古文和书法，然而当时并未遇到良师益友。后来，他结识了一些良友，才开始了解到有所谓"经世济民之学"，以及躬行实践之道，才意识到范仲淹、韩愈等人的成就并非遥不可及，司马迁、韩愈的文学造诣也是可以学习的。从道光二十一年（1841年）起，他在理学大家唐鉴的指引下，开始接触并致力于理学学习。唐鉴（1777—1861年），字镜海，湖南善化县人，是嘉庆十四年（1809年）的进士，三十岁便立志研究洛学和闽学，是当时公认的理学大师。据曾国藩的日记记载，他从朋友那里听说唐鉴先生每晚都会记录几条"日省录"，即使生活忙碌或遭遇困境也从不间断。因此，他非常渴望学习这种方法，于是前去拜访唐鉴。在交谈中，唐鉴告诉他应该以《朱子全书》为学习宗旨。当时曾国藩刚买了这本书，唐鉴便建议他熟读此书，并将其作为日常修行的课程，身体力行，而不是仅仅浏览而已。唐鉴还告诉他，治经应该专注于一经，只要一通百通，就可以旁及其他经文。如果急于求成，想要同时精通多经，反而可能一无所获。此外，曾国藩还向唐鉴请教了如何致力于经济之学（经世济民之学）。唐鉴回答说，经济之学离不开研读历史，古人的成败得失、经验教训都昭然若揭；而历代的典章制度也都不外乎这些。他还提到，当时河南的倭仁（字艮峰）先生用功最笃实，每天从早到晚，一言一行、坐卧饮食都有记录。如果心中有私欲无法克制，或者行为上有失检点，都会记录下来。唐鉴还建议曾国藩不必在诗、文、词、曲等小技上花费太多功夫，如果真能用心于义理之学，这些小技艺也并不难掌握。最后，唐鉴还强调了"戒欺"（理学概念，指不自欺、不掩过）的重要性，告诫他万万不可掩饰自己的过错。这些教诲让曾国藩如醍醐灌顶，豁然开朗。

这次对唐鉴的拜访，成为曾国藩在学问与修身道路上的一个重要转折。在唐鉴的悉心指导下，曾国藩踏上了探索义理之学的征途。唐鉴对曾国藩的影响深远且持久，不仅限于那次"如醍醐灌顶"的启迪，而是长期影响。可以说，曾国藩日后的"修养工夫"，无不源自唐鉴的指点与启迪。翻阅曾国藩的日记，随处可见他自省的事例与深刻的体悟。道光二十二年（1842年），曾国藩在谈及唐鉴的影响时感慨道：自从跟随镜海先生学习，我才略微懂得了学问的旨归，仿佛从黑暗中看到了光明，心中也充满了警醒。而在道光二十六年(1846年)，当唐鉴致仕南归时，曾国藩为其作序送别，再次表达了对唐鉴的感激之情：我们几位同门之士，每日向先生请教德行与学业，即使像我这样资质平庸的人，也受到义理的熏陶，深知做人做事的大原则不可逾越。同时，曾国藩在唐鉴的引荐下结识了另一位理学大家——倭仁。倭仁(1804－1871)，字艮峰，号艮斋，蒙古正红旗人，比曾国藩年长七岁，道光九年(1829年)进士出身，历任大理寺卿、光禄寺卿、工部尚书、文渊阁大学士等职，是咸丰、同治年间著名的理学大师。与唐鉴相比，倭仁与曾国藩之间更多地展现出一种亦师亦友的关系。曾国藩从倭仁那里学到的主要是修身的方法和践行的技巧，尤其是通过记日记的方式来反省自己的言行举止。他坚持"每日必做日课"，这种方式类似于明代士人所做的功过格。对此，曾国藩曾在家书中详细描述道：倭艮峰先生对"诚意工夫"要求极为严格，他每天都有日课册(修身日记)，一日之中，无论是一念之差、一事之失，还是一言一语、一举一动，都会认真记录下来。他的字写得非常工整，三个月就会装订成一本。从乙未年(道光十五年，1835年)开始，到现在已经积累了近三十本了。他慎独之严，即使偶尔有妄念萌动，也会立即克治并记录下来。我自(道光二十二年，1842年)十月初一日(11月3日)起，也仿照艮峰先生的做法，每天将自己的念头和所做的事情都写在日记本上，以便随时提醒自己克服和改进。这些都生动地展现了曾国藩在倭仁的影响下，如何通过记日记的方式不断反省和提升自己。

在唐鉴与倭仁的深刻影响下，曾国藩精心制定了十二项修身日课：主敬(心存敬畏)、静坐(每日冥想)、早起、读书不二(专注一书)、读史、谨言、养气、保身(节制欲望)、日知所亡(记录每日不足)、月无忘所能(温习所学)、作字(书法练习)、夜不出门(杜绝无益社交)。此外，他的学术探索并未局限于义理之学，而是在理学与古文词的基础上，广泛涉猎诗文、史学等多个领域。他为自己设定了"刚日读经，柔日读史"的读书规划，同时持开放态度，不排斥当时流行的考据训诂之学。清代学术史上，汉学与宋学之争构成了核心议题。汉学，兴起于乾嘉时期(1736—1820年)，强调以汉代儒者的考据训诂方法解读经典，追求实证，通过字句考证还原经学原貌，认为义理学习始于识字，而识字则需精通音韵，因此清代汉学专注于文字训诂。相比之下，宋学则以宋明儒学中的道德心性学说为主，即义理之学，为官方推崇，科举考试亦以此为标准。汉宋之争在清初尚不明显，但至嘉庆、道光年间（1796—1850 年）趋于激烈，双方各执一词，汉学批评宋学空洞无根，宋学则指责汉学“繁琐细碎”，这场论争是清代学术史上的重要事件。曾国藩归属宋学一派，是清代理学的重要人物。在对待汉宋关系上，他主张以义理为本，同时不排斥汉学，倡导兼采汉宋之长，融合并蓄。

其门生黎庶昌曾总结道，曾国藩一生以宋儒义理为核心，于训诂、词章亦深入研究，不遗余力。其门生李鸿章亦指出：先生治学重义理，精通训诂，作文效法韩愈、欧阳修，并融入汉赋之气势。其学问之旨，归于礼。若虑及上述评价可能因师生关系而有所偏颇，那么现代著名学者钱穆先生的评价则更为客观。钱穆先生称赞曾国藩，能融合当时汉学家、古文家之长，弥补理学之枯燥狭隘。……论其学术之平正通达、广博深厚，有清一代二百余年，实属罕见。这一评价极高，足以彰显曾国藩在学术上的卓越成就与广泛影响。

在京城担任官职的十二年（1840—1852 年），无疑是曾国藩学术生涯的奠基与成型阶段。在此之前，他的学术认知主要局限于以“帖括制艺”（八股文写作与四书应试技巧）为核心的科举知识。然而，京城作为人文精英汇聚之地，极大地拓宽了他的学术视野，使他意识到科举之外还存在一种更加贴近现实人生的深层次学问。曾国藩对此有着清晰的认识，他阐述道：我们读书，无外乎两件事，一是，“进德”，即探索诚正修齐之道，力求不辜负此生；二是，“修业”，即练习记诵辞章之术，以求自保其身。其中，“进德之事”指的是儒家所倡导的修齐治平的实践路径，这种学问蕴含终极关怀，旨在避免虚度光阴，成就一番事业；而“修业之事”则是指科举考试中所需的记诵辞章之学，相比之下，前者具有更为深远的意义和价值。

除了追求学问之外，曾国藩在京城为官期间，另一项重要活动便是广交士人，这成为他日后取得卓越成就的关键因素之一。京城不仅是全国的政治中心，更是文化中心，尤其在会试之年，来自全国各地的士人精英汇聚于此，形成了浓厚的人文氛围。面对如此众多的文人学者，曾国藩难掩内心的激动，他说：京城是文人的聚集地，不去寻求便没有；越寻求，就越能发现。此外，传统儒学强调师友间的交流切磋，学问场景开放，只有通过相互讨论、相互激励，才能真正求得真知。因此，这两方面因素共同促使曾国藩将结交士人视为自己日常的重要活动。

在传统科举制度的框架下，成功通过考试的士子往往会自然而然地建立起两种关键的社会政治联系：一是门生与座主的关系，即考生与考官之间的师生情谊，其中考官也被称为座师或房师，而考生则自称为门生；二是同乡与同年的关系，这包括应试士子中的地域联系以及同年份通过考试的士子之间形成的特殊情谊。这些关系构成了科举入仕士人重要的政治和社会资本，曾国藩自然也不例外。鉴于本文的主旨和篇幅限制，我们仅选取几个典型例子进行简要介绍。其中，对曾国藩仕途产生直接推动作用的便是他的座主穆彰阿。穆彰阿(1782—1856 年)，字子朴，号鹤舫，出身满洲镶蓝旗，嘉庆十年进士，于道光七年(1827 年)进入军机处学习，次年即被授予军机大臣之职，至道光十七年(1837 年)更是升任为领班军机大臣，前后担任此职长达二十余年。曾国藩在道光十八年(1838 年)的会试以及道光二十三年(1803 年)的翰詹大考中，都是由穆彰阿担任主考官。这位座主对门生曾国藩颇为关照。据说，在翰詹大考之后，穆彰阿曾向曾国藩索要考卷底稿，曾国藩迅速誊写完毕并呈送至穆府。穆彰阿还曾在皇帝面前多次称赞曾国藩，称其“留心时事，可大用”。有了穆彰阿这样的政治后盾，曾国藩的仕途变得一帆风顺，年年升迁，短短五年内便由从七品官员晋升为二品大员。后来，曾国藩在早期仕途受挫时，也往往是穆彰阿在幕后周旋，极力为曾国藩辩护，使其能够最大限度地减少后顾之忧。

在传统社会强调乡土和地域观念的背景下，曾国藩在京城结交的人士中，湖南籍人士占据多数，其中胡林翼尤为突出。胡林翼(1812—1861)年，字贶生，号润之，湖南益阳人，道光十六年(1836 年)进士，虽比曾国藩年轻一岁，但因出身官宦世家且入仕较早，资历颇深。尽管二人在京共处时间不长，却建立了深厚的情谊。胡林翼离京赴贵州任职前，曾国藩特意拜访，并获赠其岳父陶澍的文集《陶文毅公全集》。二人最为人称道的合作，当属共同领导湘军平定太平天国，而这无疑得益于他们在京城时期结下的深厚友谊和相互了解。在曾国藩的同年中，交往最深且最受其信任的当属毛鸿宾。毛鸿宾(1811—1867 年)，字寅庵，又字翊云、寄云，号菊隐，与曾国藩同年进士，后改庶吉士，散馆授编修。曾国藩与毛鸿宾私交甚笃，称其为“至好”，并在丁忧(官员因父母去世离职守丧的制度)返籍时，将京中家眷和债务全权托付给毛鸿宾。咸丰十一年(1861 年)，湘军与太平军交战正酣之际，毛鸿宾升任湖南巡抚，设东征局抽厘助饷，为湘军提供了大量军饷和兵源，为曾国藩的最终胜利提供了坚实的后勤保障。此外，曾国藩在京期间还收了一位后来成就斐然的学生——李鸿章，他被誉为“中兴四杰”之一。李鸿章(1823—1901 年)，字渐甫，号少荃(泉)，安徽合肥人，其父李文安为道光十八年(1838 年)进士，与曾国藩同年，因此李文安与曾国藩有同年之谊。基于这层关系，曾国藩对李鸿章悉心教导。据《曾国藩年谱》记载，李鸿章于道光二十五年（1845 年）中举后入都会试，成为曾国藩的门生，并深得曾国藩器重。李鸿章后来成为曾国藩重要的幕府成员之一，并继承了曾国藩的事业，成为晚清政治和历史上的重要人物。可以说，曾国藩在京为官的十二年，不仅仕途顺畅，更为其未来的事业奠定了坚实基础。从内在来看，他在这十二年中学问路向逐渐明确，养成了良好的自我反省习惯和坚忍不拔的性格；从外在来看，他结交了大量士人，建立了广泛的人脉关系。这些因素共同构成了他后来取得成功的重要基石。

三、湘军戎马生涯

咸丰元年（1851 年），洪秀全在广西桂平金田村发动起义，太平天国运动由此轰轰烈烈地展开。随后的几年里，太平军势不可挡，接连攻克多座城池，席卷了整个江南地区。当时仍在京城任职的曾国藩或许未曾预料到，这场运动将与他个人的命运紧密相连，并最终成就了他一生的功名与事业。到了咸丰二年七月（1852 年 8 月），曾国藩被任命为江西省乡试正考官，但在途经安徽省太湖县时，他收到了母亲去世的讣告，于是改道返回家乡。此时，太平军已绕过重兵防守的桂林，攻占了全州，并乘胜追击进入湖南。当曾国藩行至湖北武昌时，才得知湖南的严峻形势：长沙被围，形势危急，道路被阻断，无法通行，内心深感悲痛与焦虑。然而，儒家的孝道传统使他不得不放下沿途的危险，毅然决定立即返回家乡奔丧。他舍弃了行李，仅带一名仆人，艰难前行，经过岳州，取道湘阴、宁乡，于八月二十三日（1852 年 10 月 6 日）回到家中。按照中国传统丧葬礼仪，父母去世后，子女需守丧三年（实为二十七个月）。然而，由于士绅在传统社会中的特殊地位，他们不仅负责教化百姓、维护地方秩序，而且在战乱时期还有组织乡民抵抗盗匪的责任。因此，当曾国藩在家守丧期间，地方士绅希望他能主持团练。对此，曾国藩持消极态度，他说：我刚刚脱下丧服，换上黑色的素服（墨绖），如果现在就去县城，既不能穿着丧服进入官府，又怎能立刻换上黑色的素服（墨绖），这显然违背了礼法。可以说，曾国藩以儒家的礼法为由拒绝出山，是合情合理且真诚的，并非虚伪的推辞。因此，当咸丰皇帝亲自下诏让他帮办团练时，他的第一反应仍然是上疏推辞。

咸丰二年十一月二十九日（1853 年 1 月 8 日），军机处向当时湖南巡抚张亮基颁发了一道上谕，指令他传达给正在丁忧期间的原侍郎曾国藩：曾国藩，籍属湘乡，现居乡里，对湖南地方民情自必熟知。特命你转告他，令其协助办理本省团练乡民，搜查土匪等事务。想必他会竭尽全力，不负朝廷重托。接到这道上谕后，曾国藩立即上疏婉拒，并打算告知在京城的友人如袁甲三、毛鸿宾、李鸿章等，请求他们不要再举荐自己出山任职，以免使自己陷入不孝的境地。尽管按照礼制，丁忧官员一般需守丧近三年，不得任职，曾国藩也以此为由约束自己，拒绝了友人乃至朝廷的任命。然而，作为一个积极入世的儒学士大夫，他内心充满了责任感和使命感，无法对时局坐视不理。表面上看，服丧期间的曾国藩对出山办理团练一事态度消极，实则内心极度渴望有所作为，只是受到传统礼法的束缚以及自己过往的言行影响，不得不表现得消极一些。以下事例可证明这一点：其一，咸丰二年十月(1852 年 11 月)，尚未接到上谕的曾国藩在给好友刘蓉的信中，虽解释了自己迟迟未参与团练的理由，但同时也表示了愿意在百日之后前往县衙，与众人共商保护家乡大计，并提出了“壮勇贵精不贵多，设局宜合不宜分”的建议。其二，从接到咸丰皇帝的上谕到最终决定出山帮办团练，曾国藩的态度在短短三天内发生了巨大转变。他于十二月十三日(1 月 21 日)接到湖南巡抚张亮基转来的上谕，并于两日后准备上折辞谢。但在写奏折的当晚，翰林院庶吉士郭嵩焘的来访促使他改变了主意，曾国藩毅然决定“墨绖从戎”，肩负起保卫家乡的重任。十天后(1 月 23 日)，他对此回忆道：原本已写好辞谢的信，正打算派人送至省城请张巡抚代为呈递，十五日晚接到张巡抚的两封信，得知武昌失守，局势严峻，又恐长沙人心惶惶，理应出山保护家乡，于是十七日(1 月 25 日)从家中出发，二十一日(1 月 29 日)抵达省城长沙。

通过上述两事，我们不难发现，曾国藩内心深处对协理团练、保卫家乡怀有极大的热情。相较于归隐山林的思想，他始终秉持着传统儒学士大夫忧国忧民的强烈责任感和使命感，将保家卫国、报效朝廷视为自己的神圣职责。只是受传统礼法的制约，他才不得不在表面上做出一些推辞，但一旦有了合适的契机，曾国藩便会毫不犹豫地抛开礼法束缚，积极行事。咸丰二年十二月(1853 年 1 月)，曾国藩被任命为“帮办湖南团练侍郎”。在接下来的一年即咸丰三年(1853 年)里，他主要致力于前期准备工作，包括招募士兵和清剿土匪。首先，他对“团练”一词进行了深入阐释：团，即保甲之法，旨在清查户口，不容留匪人；练，则需制造器械、旗帜，聘请教师，选拔丁壮，定期集会，甚至修筑碉堡、山寨，皆需大力推行。其次，他确立了“重团不重练”的指导方针，并将剿匪作为上任后的首要任务,多次在书信中强调:当前最急之事,莫过于剿办土匪。在清剿策略上,曾国藩认为唯有"严刑峻法"方能从根本上遏制盗匪猖獗之势。他向咸丰帝陈奏:"若非严刑峻法,严惩不贷,无以挫其嚣张气焰,消除叛乱之萌芽。咸丰帝对此深表赞同,并批示:"办理土匪,务必从严,务期根株净尽"。有了皇帝的支持,曾国藩在湖南境内的剿匪行动更加大胆果断。他严格执法,对抓获的匪徒立即审讯,即便是普通痞匪也加倍严惩,不拘泥于成例。对于解到的匪类,重者立即处决,轻者在杖下毙命,再轻则鞭打一百乃至更多。他力求案件迅速处理,不拖延、不羁绊。案件一到,即时审讯、即时正法,不期待、不迁延。这种雷厉风行的办案风格和严刑峻法的原则,使得"曾剃头"的绰号广为流传。

经过曾国藩的整顿与治理,长沙周边的匪患显著减少,这不仅有效孤立了湖南境内的太平军及其同情者,恢复了当地的社会秩序,而且从更长远的角度看,还为日后湘军的组建提供了充足的兵源和物资保障,确立了湖南作为湘军坚强后盾的地位。在剿匪过程中,曾国藩逐步培养起一支训练有素、斗志昂扬的队伍——湘军(初期称"湘勇")。在此,我们有必要简要回顾一下当时的兵制。清朝入关后,继承了并发展了八旗制度,将正规军按照满、蒙、汉分别编为八旗,共二十四旗,作为朝廷的正规武装力量。然而,此时的满族八旗已严重腐化,丧失战斗力,主要依靠汉军,即俗称的绿营军。在地方层面,除了朝廷正规军外,战乱时期地方乡绅还会在地方官员支持下组织民兵,即团练乡勇。团练平时务农,战时从戎,组织相对松散,战斗力有限。在曾国藩组建湘军之前,湖南境内与太平军作战的主要是这两种军事力量。曾国藩丁忧期间,咸丰帝赋予他的任务是"帮办湖南团练查匪事务"。然而,曾国藩对这项任务并不满足,而是希望另辟蹊径,通过"以剿代练"策略,创建一支全新的军队。于是,他从各县的团练中挑选出"健壮而朴实"的乡民,组建起一支精英部队,旨在打造一支介于正规军与团练之间、具备强大战斗力的新型军队。谈及这一构想时,曾国藩表示,团练仅能保卫乡里,经费由本团自筹,不完全依赖官府,关键时刻终不可靠。请改为招募成军,方能用于讨贼。于是,"湘勇"之名自此诞生。

由此可见,湘军既不同于正规军,也不同于地方团练,而是介于两者之间的一种全新军事组织。至咸丰四年正月(1854 年 2 月)誓师出征前夕,曾国藩在一年内成功训练组建了水陆两师,各含十营(每营五百人),总计一万军士,若算上陆路后勤人员、水路雇船水手及粮台官员役夫等,全军规模约达一万七千人。经过一年的筹备与积累,曾国藩终于正式向太平军宣战,湘军由此登上了历史舞台。然而，由于缺乏实战经验，湘军初期战事不利，尤其在咸丰四年三月（1854年4月）靖港之战中遭受重创，几乎全军覆没，船只遗弃，水手仅剩三人，帅舟更是险些被敌舰逼近射击。此次惨败令曾国藩深感羞愧与自责，一度投水自尽，幸得部下及时救援才幸免于难。或许是命运垂青，同时出征的塔齐布率领的湘军在湘潭大败太平军，并受到朝廷嘉奖，这为曾国藩在面对外界嘲讽时增添了底气与坚持下去的勇气。经此战役，结合湘军在战斗及战后的表现，曾国藩更加坚信“兵贵精不贵多”的原则，随即对湘军进行整顿，旨在严明军纪，提升战斗力。他首先裁撤了靖港战役中溃逃的士兵，随后命塔齐布、杨载福、彭玉麟等可信将领大量招募新兵，扩充队伍；同时，主要从广西购买、湖南本地改造的战船，增强水师力量；最后，收编了胡林翼所率的滞留岳州的黔勇。经过整顿，湘军“规模重振，军容再现雄壮”。咸丰四年七月（1854年8月），曾国藩率领重整后的湘军攻占太平军据守的岳州，将其逐出湖南。随后，他挥师东进，指挥水陆两军进击湖北重镇武昌，并于当年八月（9月）成功占领武昌。得知湘军大捷，咸丰帝极为高兴，下旨赐予曾国藩二品顶戴，署理湖北巡抚，并加赏花翎以示嘉奖。

正当曾国藩打算借“丁忧”之名上疏推辞之际，咸丰帝的又一封朱批通过兵部火速送达：朕料你定会推辞，又念及你整军东进，署理巡抚之名实则虚设，故已降旨不必署理湖北巡抚，特赏你兵部侍郎衔。就这样，曾国藩署理巡抚之职仅维持七日便被收回。事实上，曾国藩在丁忧前已历任礼部、兵部、工部、刑部及吏部侍郎，此次所授兵部侍郎衔，既非复任，亦非升迁，背后含义深远。据传，咸丰帝此举是出于对曾国藩拥兵自重可能威胁清朝统治的担忧。薛福成在《庸庵文续编》中记载，咸丰帝对军机大臣说：没想到曾国藩一书生，竟能立下如此奇功。某大臣回应：曾国藩以侍郎身份在家乡，不过一介平民。平民在乡间一呼百应，聚集万余人，恐怕不是国家之福。咸丰帝听后沉默良久，脸色大变。关于这位“某大臣”的身份，有说是沈葆桢、祁寯藻或彭蕴章，但尚无定论，详见易孟醇《曾国藩传》及刘忆江《曾国藩评传》。攻陷武昌后，在朝廷的一再催促下，曾国藩率湘军分三路沿江推进。起初，凭借高昂的士气，湘军在田家镇重创太平天国水军，但连续的胜利让湘军滋生骄傲情绪。随着战线推进，后勤补给不足，加之绿营军参与协防，未能及时增援，湘军陷入孤军奋战的境地，最终在湖口遭遇惨败。曾国藩后来回忆道，处处战船密布，甚至有弃船逃跑者，粮台船只的水手全部逃窜。此战中，曾国藩的座船被俘，文案尽失，连皇帝赏赐的白玉四喜扳指、白玉巴图鲁翎管及玉靶小刀、火镰等物，均已遗失，很可能已落入太平军之手。面对数年心血付诸东流，曾国藩再次试图投水自尽，所幸又被部下救起。此次战败，被曾国藩视为平生三大劫难之一（另两次为靖港之难与祁门之难），足见其影响之深远。战后，湘军元气大伤，"克复安庆，直捣金陵"的设想化为泡影，从此湘军在战场上的攻势减弱，与太平军形成胶着对峙。曾国藩退守南昌，开始了在江西境内为期两年的艰难岁月。此后，湘军逐渐分化：约五千人由胡林翼、彭玉麟等人率领离开江西，驰援被太平天国西征军围困的武昌；剩余约八千人虽仍受曾国藩直接指挥，但也被一分为四：水师分为内湖、外江两部分；陆军则由塔齐布率领围攻九江，罗泽南则率部深入江西腹地。由于兵力分散及军饷无着，曾国藩在江西的两年（1855—1857 年）间军事上未见起色，虽战事频繁，却常胜少败多。

至咸丰六年三月（1856 年 4 月），江西十三府中的八府，覆盖四十余县，已尽数落入太平军之手。更为棘手的是，曾国藩麾下的陆军主将塔齐布在围攻九江时不幸暴病身亡，而罗泽南亦在分兵作战中于湖北武昌洪山战死，这使得曾国藩痛失左膀右臂，陷入了无将可用的困境。此外，他还需应对江西巡抚陈启迈（咸丰五年，1855 年）、文俊（咸丰六年，1856 年）的掣肘，与之展开一场没有硝烟的较量。王定安在《湘军记》中评论道：曾文正以客军之身困于江西，外有石达开、韦昌辉等强敌环伺，内则与地方官员矛盾重重，其处境之艰难屈辱，实非常人所能承受。正当曾国藩内外交困之际，两起突发事件为他解了燃眉之急。一是，太平天国内部爆发严重冲突。咸丰六年八月（1856 年 9 月）起，太平天国东王杨秀清和北王韦昌辉被杀，翼王石达开则率领精锐部队离开，自此太平天国由盛转衰。由于石达开撤离江西，导致太平军江西兵力空虚，曾国藩在江西面临的军事压力骤然缓解，得以暂时喘息。二是，曾国藩之父曾麟书去世。咸丰七年二月（1859 年 3 月），曾国藩在军营中突闻父丧，随即上奏《恭报丁父忧回籍守制折》，未待咸丰帝批复，便毅然放下军务，返回家乡丁忧，暂时离开了纷争不断的江西。此次丁忧期间，曾国藩在湘乡闲居了一年零五个月（1857 年 3 月—1858 年 8 月）。在此期间，他的心态经历了两个阶段的变化。初期，作为湘军统帅的他骤然离职，导致湘军群龙无首，战事陷入不利局面。咸丰帝迫切希望曾国藩早日结束丁忧，重掌帅印。因此，他接连下旨催促曾国藩"假满回营"。尽管曾国藩内心牵挂战事，但鉴于前线所受委屈，他萌生了与清政府谈判的念头。他在上疏中列举了与太平军对峙的三大困难：一是，虽身居兵部堂官之位，但实权反不如提镇将领，且湘军非正规军，导致手下将领晋升无望；二是，身为客军统帅，非地方大吏，难以有效调动地方资源筹饷；三是，关防更换频繁，常被怀疑为伪造，引发诸多事端。

综上所述，曾国藩所提及的三点问题，实质上反映了湘军这支非正规军与驻地军民之间的深刻矛盾。面对这一矛盾，曾国藩直截了当地向咸丰帝表达了自己的看法：臣经过深思熟虑，认为若非担任巡抚，拥有考察官吏的权力，否则难以有效治军。即便能治军，也绝不可能兼顾筹饷。臣目前身处客卿之位，既无实权，又缺乏灵活应变之才，恐怕终将贻误大局。这无疑是曾国藩在向咸丰帝直接索求地方实权。诚然，他所述皆为事实，但在当时情境下，由他本人提出此类要求，无疑会加剧清政府的猜忌与反对。于是，咸丰帝顺势而为，解除了他的兵部侍郎职务，允许他在家守制。因太平天国内讧（1856 年天京事变），清军逐渐度过了初期的混乱，加之太平天国内部斗争削弱了其军力，清军重新占据了战事上的优势。此时，曾国藩的心态发生了转变，表现出悔愧与自责。据《湘军志》记载，曾国藩久离军务，旧部已散，新出的名将多源自罗泽南、王鑫部，仅水军仍隶属于彭玉麟、杨载福，而杨载福已升任提督，官阶高于曾国藩。因此，他背负着沉重的期望，却郁郁不得志，更欲以和解来收拢人心，对过去的作为深感后悔。这一时期，曾国藩的书信中充满了自省与自责的言辞，如：我性格直率，不善与地方官交往，常生龃龉；我生平的失误在于志向远大却才疏学浅，有真心却缺乏实力，因此一事无成；我过去不擅长文饰，行事受阻，近来才大彻大悟。在给曾国荃的信中，他更是对这段时期进行了深刻反思：我自问近年来唯一的长进就是学会了“悔”。过去我总以为自己本领高强，可进可退，可隐可显，还常看别人的不是。自从丁巳（咸丰七年，1857 年）、戊午（咸丰八年，1858 年）大彻大悟之后，我才明白自己其实毫无本领，凡事都能看到别人的优点。因此，从戊午年至今九年，我与四十岁以前截然不同。当咸丰八年六月，曾国藩接到朝廷起用的诏令时，他不再纠结于地方实权的问题，也没有再寻找其他借口，而是毅然决定夺情出征，第二次“墨绖从军”。同年六月（1858 年 7 月），他从湘乡出发，沿途经过长沙、武昌等地，拜访了众多好友，并获得了湖南巡抚骆秉章、湖北巡抚胡林翼协饷每年各两万两饷银的承诺，收获颇丰。八月（9 月），他顺利抵达前线。

然而，曾国藩再度被困于江西。彼时，太平军已从内乱中恢复元气，启用了陈玉成、李秀成作为军事将领，并成功突破了围困天京的江北大营，随后在安徽三河镇与湘军李续宾部遭遇。在那场战役中，太平军全歼了李续宾部，曾国藩之弟曾国华亦不幸阵亡。三河之战对湘军而言是一次重创，但曾国藩却保持了冷静与理智。在深入分析战况后，他坚决拒绝了清政府调其入皖的提议，坚持认为从大局考量，应集中力量于江北，以图中原；就眼前之急，则应先攻景德镇，确保湖口，稳固南岸。在此基础上，曾国藩进一步提出了“四路图皖”，直捣金陵的战略规划。这一决策至关重要，为湘军后续进军安徽、攻克金陵奠定了基石。为执行此战略，曾国藩甚至不顾朝廷旨意，接连拒绝了清政府关于西防、东征和北援的命令。后来的战事发展验证了这一战略的正确性，尽管过程中有起伏、进退与胜负，但清军大体上遵循了他的战略蓝图，并最终取得了胜利。随着战事推进及清军江南、江北大营的溃败，清政府愈发依赖曾国藩及其湘军。咸丰十年四月(1860 年 5 月)，清政府授予曾国藩兵部尚书衔，代理两江总督；六月(7 月)，又正式任命他为两江总督，并授以钦差大臣之职，督办江南军务。至此，曾国藩终于获得了他梦寐以求的地方实权。然而，好景不长，他又遭遇了太平军黄文金部突袭祁门，被困于安徽祁门，一度陷入绝境，甚至萌生了第三次自裁的念头。当时，祁门作为湘军的大本营，仅有两千守军，在三路太平军的围攻下与外界失联，所幸因太平军黄文金部因误判湘军援兵将至而撤退，未能持续围攻，曾国藩才得以幸免。尽管祁门之围险些导致湘军大本营覆灭，但紧接着攻克安庆却为湘军最终攻陷金陵、消灭太平军奠定了坚实基础。早在祁门之围发生之前，曾国藩已与胡林翼等人精心策划了攻取安庆，进而图谋金陵的战略蓝图。尽管期间遭遇了“东征”与“北援”等变故，但曾国藩始终坚守围攻安庆的战略规划，即便在祁门大营被围的危急时刻，也未调离围攻安庆的兵力。安庆之地，实为金陵的西部门户，亦是粮草运输的要冲，更是太平军与捻军联络的关键节点，因此攻取安庆具有不可估量的战略价值。正如曾国藩在咸丰十年五月的奏折中所言：安庆之战，当前关乎淮南全局，未来则是攻克金陵的基石。经过长达一年半的围困，湘军终于在咸丰十一年八月初一(1861 年 9 月 5 日)成功夺取安庆。随后，湘军乘胜追击，相继占领安庆以北的桐城与南面的池州。自此，湘军在整个战场上转入了全面反攻的阶段，并于同治元年(1862 年)五月逼近金陵城下。在历经两年的合围后，湘军于同治三年六月十六日(1864 年 7 月 19 日)破城攻克金陵，由曾国藩率领的湘军成功剿灭了持续十四年的太平天国运动。

四、晚年功成身退

攻克金陵、剿灭太平天国之后，曾国藩的声望与权势达到了前所未有的高度。他不仅身兼数职，更统领着号称十二万余人的湘军（含吉字营五万人），其中仅其弟曾国荃直接指挥的兵力就超过五万。作为两江总督，他直接管辖江苏、安徽、江西三省，并有“督办浙江军务”之权；同时，他还统一调度江西、安徽等省的厘金与协饷。此外，湘军将领中有十人已升至督抚之职，掌控着湖南、湖北、福建乃至广东、广西、四川等省；湘军水师则牢牢控制着整个长江水域。可以说，曾国藩已实际掌控了清王朝的半壁江山。然而，盛极必衰的道理同样适用于他，达到权力巅峰的曾国藩不可避免地引起了清政府的猜忌。这一点在同治帝对曾国荃上奏金陵捷报的回复中显露无遗。曾国荃在攻入金陵的当晚便急报捷讯，但同治帝却在随后的上谕中未予嘉勉，反而严厉警告：着曾国藩饬令曾国荃迅速攻克伪城，擒获首逆，以完成最后之功，共同接受奖赏。若曾国荃因胜利而骄傲，导致功败垂成，拖延时日，必将唯曾国荃是问！这份上谕表面上是在催促曾国荃尽快完成“歼擒首逆”的任务，实则是在暗中打压以曾国藩为首的湘军势力。对于朝廷的意图，曾国藩心知肚明。为了消除朝廷的疑虑，他主动采取了三项措施：一是，奏请首功之臣曾国荃开缺回籍，他后来回忆道：关于弟弟回籍的奏折，我反复斟酌，认为只有开缺才能让他顺利回籍。平日里或许觉得这样太急促，但功成身退，越快越好。二是，主动裁撤湘军；三是，奏请因裁军后无需巨额饷银，故停止向金陵大营解送广东、江西、湖南东征局的厘金。这三项举措恰好符合清政府的意愿，因此一一获得批准。虽然当时许多人对此感到惋惜，但曾国藩却因此换来了后半生的平安无事，这充分展现了他异常清醒的头脑与非凡的政治智慧。

在曾国藩的晚年生涯中，有两件重大事件尤为引人关注：一是，率军镇压捻军，二是，处理天津教案。然而，这两件事的处理结果均不尽如人意，几乎耗尽了他前半生所积累的全部声誉。捻军，这一俗称“捻子”的农民起义军，起源于安徽，后广泛活跃于安徽、河南等地。咸丰三年（1853 年），随着太平军建都南京并发动北伐，北方捻军也趁势活跃起来。太平军北伐失败后，留在北方的余部并入捻军，使捻军成为太平军在北方的重要盟友。同治三年（1864 年）天京陷落后，太平军余部赖文光等与张宗禹捻军合组，这便是史称的“新捻军”。湘军攻克金陵还不到四个月，曾国藩突然接到朝廷上谕，要求他将总督职位交给李鸿章，并酌带所部，前赴皖、鄂交界督军剿贼，务必迅速前进，不得迟缓。接到这道上谕后，曾国藩"竟夕不能成寐"，连发奏折与奏片，以各种理由婉转地向朝廷表达了自己目前不适合率军出征的看法。朝廷在收到曾国藩的奏折后，无奈接受了他的意见，谕令他无需赴安庆，亦无须交卸总督之职，仍驻金陵，妥善调度。然而，同治四年四月二十四日(1865 年 5 月 18 日)，捻军在山东菏泽歼灭负责剿捻的主力僧格林沁部，并击毙主帅僧格林沁，声威大震。这一突如其来的变故，再次将曾国藩推上了剿捻的前线。朝廷连发两道谕旨，急令曾国藩统领所部各军，星夜出省，前赴山东，于北面择要驻扎督剿。这一次，曾国藩已无任何理由推辞，于是上了《遵旨赴山东剿贼并陈万难迅速缘由折》，接下了率军剿捻的重任。为了支持曾国藩，清政府接连发出廷寄(清代机密谕旨传递制度)，不仅全力保证他的部队军饷，还着令所有直隶、山东、河南三省旗绿各营及地方文武官员，均归曾国藩节制调遣，直、东、豫三省文武官员如有不力者，即由该大臣随时奏请更换。

当时，曾国藩身居两江总督之位，统辖江苏、安徽、江西三省，而朝廷又赋予他节制直隶、山东、河南三省军务的权力。尽管曾国藩深知政治斗争的复杂性并极力推辞，但朝廷并未收回成命，反而使他的权力再次达到巅峰。自同治四年五月(1865 年 6 月)曾国藩正式北上剿捻，至同治五年十一月(1866 年 12 月)重回两江总督之职，他在这一年半的剿捻行动中最终未能取得胜利。剿捻失败的原因主要有三：一是，捻军流动性强，无固定都城，作战方式灵活多变，使清军难以锁定具体目标；二是，曾国藩身体状况不佳，难以有效指挥作战，他曾三次请假在军营调理，加之战事不利，朝廷舆论压力巨大，使其心情极度低落；三是，朝廷未能给予曾国藩足够的耐心，仅一年半后便将他调离剿捻前线。尽管曾国藩的剿捻行动以失败告终，但他针对捻军特点制定的战术却为后继者提供了宝贵的经验。他准确指出捻军已成流寇，若官兵与之俱流，则必处处落后，因此应"变尾追为拦头"，以固定之兵制无定之寇。为实现这一目标，曾国藩提出了两个相辅相成的战术：一是，重点设防，二是，普遍查圩(特指清查皖北捻军根据地圩寨)。尽管因种种原因，曾国藩的剿捻未能成功，但李鸿章和左宗棠后来所采用的战术，均是对曾国藩战术思想的继承与发展。同治五年十一月(1866 年 12 月)，剿捻无功的曾国藩撤回前线，李鸿章接任剿捻钦差大臣。次年正月，曾国藩从李鸿章手中重新接过两江总督、通商事务大臣的印信。直至同治七年七月

(1868年8月)奉命调任直隶总督前,他再次担任两江总督约一年半的时间。

在此期间,曾国藩肩负起了为淮军及西北军事行动筹集军费的重任。同时,他还着手整顿水师并筹备洋务事宜。重返金陵后,曾国藩与彭玉麟携手制定了《长江水师章程》,实现了长江水师的正规化和制度化。随后,他与江苏巡抚丁日昌深入探讨海洋战争策略与铁厂制造技术,并初步筹划外海水师的章程,为筹建海军奠定基础。此外,他还与李鸿章合办了江南制造总局,内含造船厂,并设立翻译馆,这一系列举措均开创了洋务运动的先河。同治七年七月,曾国藩调任直隶总督,离开南京前往保定。在直隶总督任上,他面临的最重大事件便是处理天津教案。这一事件后曾国藩遭清流派弹劾其"媚外辱国",给他带来了"内疚神明,外惭清议"的沉重心理负担,进一步加剧了他的病情,使他的身体日渐衰弱。自1844年中法签署《黄埔条约》后,法国在中国获得了在五口建教堂的权力,随后各国在与清政府签订的条约中也援引此例,相继取得传教权。随着西方传教士在中国活动范围的扩大,他们与中国民众的摩擦和冲突日益增多,各地相继爆发反对天主教与基督教、冲击教堂的事件,史称教案。其中,影响最为深远的是天津教案。同治九年五月(1870年6月),天津盛传拐骗幼童的谣言。同时,天津三岔河口的望海楼教堂设立的育婴堂中突然有三四十名收养的幼童死亡,这一事件与拐骗幼童的谣言不谋而合。恰在此时,一名拐卖儿童的犯人被抓获,并招供称受天主堂指使,这引发了民众的极大愤慨。在天津地方官员的带领下,大量民众前往望海楼质问。法国驻天津领事丰大业对此表示不满,前往三口通商大臣(管天津、牛庄、登州)崇厚的衙门要求派兵镇压。在离开崇厚衙门的路上,丰大业遇到前去望海楼维持秩序的知县刘杰,便上前纠缠并开枪打死刘杰的随从。周围市民群情激愤,当场将丰大业及其助手打死。事件随后升级,愤怒的人群焚毁了法国领事署和望海楼教堂等建筑,并波及英美几所教堂。

在这次天津教案事件中,愤怒的中国民众不仅焚毁了教堂,还导致二十名外国传教士及经商者丧生,同时有约三十名中国教民(为皈依天主教的中国信徒,部分为依附教会的平民,非职业宗教人士)也遭到殴打和杀害。事件发生后,法国联合俄、德、比等国军舰集结大沽口向清政府施压,并派遣军舰在渤海附近集结,形成强大压力。面对这一局势,清政府最终指派直隶总督曾国藩出面协调。曾国藩在接到处理天津教案的谕旨后,在日记中感叹:此生无所成,眼下天津洋务棘手至极,令人焦灼不堪!尚未抵达天津,他已预感到案件的复杂与

奉
天承運
皇帝制曰道光十八年戊戌
科四月二十一日策試
天下貢士王振綱等一
百九十四名第一甲賜
進士及第第二甲賜進
士出身第三甲賜同進
士出身故茲詔示

道光十八年国子监进士榜拓片(局部)

曾国藩于道光十八年(1838 年)中进士,开始仕途,随后连连晋升,进入翰林院,先后任检讨、侍讲、侍读等职。历任会试同考官、詹事府右庶子、左庶子、侍讲学士、起居注官等。后又升为内阁学士、礼部右侍郎、署兵部与工部左侍郎。他凭借才干与努力,从进士一路升至二品大员,十年间连升七次,职位提升十级。

曾国藩仕途年表(1838—1870年)

时间	主要经历	品级	对应职务
道光十八年(1838年)	会试中进士,殿试三甲第四十二名,授翰林院庶吉士	候补从七品	翰林院庶吉士
道光二十年(1840年)	散馆考试二等第十九名,授翰林院检讨	从七品	翰林院检讨
道光二十一年(1841年)	充国史馆协修官	从七品	国史馆协修
道光二十三年(1843年)	廷试翰詹二等第一名,授翰林院侍讲;任四川乡试正考官、文渊阁校理	从五品	翰林院侍讲、文渊阁校理
道光二十五年(1845年)	升左春坊左庶子,转翰林院侍讲学士,充文渊阁直阁事	正五品	侍讲学士、文渊阁直阁事
道光二十七年(1847年)	授内阁学士,兼礼部侍郎衔	从二品	内阁学士(礼部侍郎衔)
道光二十九年(1849年)	升礼部右侍郎,兼署兵部右侍郎	正二品	礼部右侍郎、兵部右侍郎(兼署)
道光三十年(1850年)	兼署工部左侍郎、兵部左侍郎	正二品	工部左侍郎、兵部左侍郎(兼署)
咸丰元年(1851年)	兼署刑部左侍郎	正二品	刑部左侍郎(兼署)
咸丰二年(1852年)	任江西乡试正考官,因母丧回籍丁忧	正二品	停职守制
咸丰五年(1855年)	补授兵部右侍郎	正二品	兵部右侍郎
咸丰七年(1857年)	因父丧回籍守制,解兵部侍郎职	正二品	丁忧守制(停职)
咸丰十年(1860年)	授两江总督、钦差大臣,督办江南军务	从一品	两江总督(钦差大臣衔)
咸丰十一年(1861年)	加太子少保衔,节制苏皖赣浙四省军务	从一品	钦差大臣督办四省军务,兼辖巡抚提镇
同治元年(1862年)	晋协办大学士	从一品	协办大学士
同治三年(1864年)	因平太平天国有功,封一等毅勇侯,加太子太保衔	超品(爵位)从一品(官衔)	毅勇侯(超品爵)、太子太保(从一品)
同治六年(1867年)	授体仁阁大学士,仍任两江总督	正一品	体仁阁大学士、两江总督
同治七年(1868年)	调任直隶总督,授武英殿大学士	正一品	武英殿大学士(首席大学士序列)、直隶总督
同治九年(1870年)	处理天津教案,调回两江总督,充通商事务大臣	正一品	两江总督、通商事务大臣(办理江南洋务兼管海关)

棘手，甚至做好了最坏的打算，给子女留下书信，字里行间透露出视死如归的悲壮。从曾国藩同治九年六月初十（1870 年 7 月 8 日）抵达天津，九月二十三日（10 月 17 日）离津返京，仅百余日，但这段时间对他来说却异常漫长。最终，他抓捕了八十多名“肇事者”，其中十六人被处死，二十五人被充军，同时革除了天津知府和知县的职务并将他们充军，还向法国赔付了四十九万七千余两白银作为赔偿和抚恤。清政府还派遣崇厚于同治九年十月（1870 年 11 月）启程前往法国“谢罪”。这一处理结果引发了舆论哗然，朝廷内外对曾国藩一片指责，许多人批评他“畏缩辱国”，就连往日的好友也纷纷写信责备他。京城的湖广会馆甚至于同治十年（1871 年）铲除了曾国藩所题的楹联，以示不满和决裂。天津教案的处理结果及其在朝廷内外引起的反响，对曾国藩产生了深远影响。他自我总结道：此案办理棘手，措施欠妥，内心愧疚，外受舆论谴责，并哀叹：名声已毁！不再过问也罢！（名已裂矣！不复系念”）。在后来的书信中，他仍对此事耿耿于怀，并解释了如此处理的原因。他说，六月初，他带病前往天津处理此案，当时意见分歧严重。有人认为应借此机会决战，雪耻并快慰民心，同时驱逐天主教。但也有人认为中国兵力疲弱，沿江沿海毫无准备，而西洋各国长期备战，联合之势坚不可摧，一旦战事不利，恐怕会震惊京城。他偏信了后者，希望平息事端，但处理过于柔和，导致舆论非议不断，内心深感愧疚。由此可见，曾国藩对处理结果并不满意，并归咎于过于听从了“论势者”的意见。在另一封信中，他甚至后悔没有早点退隐，说：我自问（同治）四五年剿捻无功时就应退隐山林。六年春重回江南，七年冬任职直隶，都是多此一举。由此可见，处理天津教案及其引发的舆论风波对曾国藩的身心造成了巨大影响，他余生几乎无时无刻不生活在这种阴影之下。以至于在回到两江总督任上一年多后，他便与世长辞。

第二节　曾国藩的人生追求

一、“立德”“立功”“立言”

曾国藩人生追求的核心在于构建自己的理想人格境界，简单来讲就是一心要成为圣贤,"不为圣贤,便为禽兽"。[①] 这句联语便直白地体现了这一强烈追求。曾国藩的圣贤观并非一成不变,在不同人生阶段有着不一样的具体内涵。

这种变化也恰恰表明其整个人生追求是随时间、经历不断动态递变的,会根据所处阶段的不同情况和自身认知的发展而有所调整,呈现出一种因时制宜、贴合实际境遇的演变态势。按照其政治活动的先后顺序,曾国藩的一生大致能分为京官时期(1839—1852 年)、办团练时期(1852—1858 年)、咸丰八年复出至离世(1858—1872 年)这三个阶段。

在居京期间以及刚开始统兵镇压太平天国运动时,他呈现出意气风发、心态高亢的状态,把传统的"立德""立功""立言"三不朽设定为自己的人生追求,这体现了他深受传统儒家思想影响,渴望在品德修养、社会功绩以及文化传承等多方面都能有所建树,成就一番非凡事业,留下不朽之名。曾国藩《送陈岱云出守吉安》一诗中有言曰:"平生企高遐,力微不自量。树德追孔周,拯时俪葛亮。又兼韩欧技,大言足妖妄。"[②]诗中表明他以"树德""拯时""韩欧技"为努力进取的方向,并且着重突出"立德"的重要性,将其放在重中之重的位置。"树德"的含义是修德润身,聚焦于内在品德修养,这属于儒家所讲的内圣层面。意味着曾国藩极为重视自身道德品质的锤炼,通过不断地自我修养、自我规范,使内心世界更加纯净、高尚,塑造出完美的品德形象,这是他实现理想人格的基础和内在支撑。"拯时"意在挽救处于衰落态势的清王朝,属于外王范畴。这反映出他胸怀天下、心系时局,有着强烈的社会责任感和政治抱负,期望凭借自己的能力与作为,在当时动荡不安、危机四伏的社会政治局面中力挽狂澜,为国家和百姓做出积极贡献,彰显出他积极入世、经世致用的思想。"韩欧技"是期望依靠文章写作来让自己的名声能够在后世长久流传,体现出他对文学创作以及文化影响力方面的高度重视与积极追求,他希望通过自己的文笔展现思想,进而在文化领域留下浓墨重彩的一笔。

二、盛年之境的人生追求

在曾国藩的人生价值观里,道德人格的完善处于首要地位。他认为德性是圣人最根本的标志,也是建立事功的前提与基础。从他在《送刘君椒云南归序》

① 曾国藩.曾国藩全集·诗文[M].长沙:岳麓书社,1985:112.

② 曾国藩.王沣华 点校.曾国藩诗文集[M].上海:上海古籍出版社,2005:58.

中的阐述来看，圣人与众人的区别在于能让耳、目、口、鼻、心等身体官能各尽其职，视听言动、心思智虑都合于天理，使夫一身得职，而天地万物各安其分，也就是达到道德人格境界的圆满，即所谓“践形”。这是对孟子“践形”之说的发挥，强调圣人以自身为表率来匡正天下，可见曾国藩将这种内在的道德修养视为极为重要的部分，是其人生价值观的首要立足点。

在居京期间，他效仿理学家写日课册，时常反省自己言行的不当之处，哪怕是闲暇时下围棋、与妻子朋友的玩笑之语，都会在日记中深刻自责。并且还撰写了《立志》《居敬》《主静》《谨言》《有恒》（统称《五箴》）等文章，以圣贤的惕厉兢慎来自我警醒、自我激励，虽不能完全将圣人的“修身工夫”落实到日常生活的每一处，但对德性修养的热衷是显而易见的。

曾国藩心目中的圣贤德业有着立身行事追求刚方正直的一面。他认为上天赋予贤人刚直的品性以保其本真，像孙夏峰、顾亭林、黄梨洲等清初诸儒，皆是秉持刚直之性的隐居明代遗民，他们坚守人性本真，面对外界的压力与干扰，寸衷所执，坚定不移，这与世俗中那些依违濡忍、行事没有原则的人形成鲜明对比，对于这类风节凛然的前贤，曾国藩向来不吝赞美之词，从他表彰赵南星、歌颂谢芗泉等举动中可以看出，他对自己立身处世也有着同样刚直的要求和期望。

综合来看，曾国藩前期憧憬的理想人格境界是儒家的兢慎惕厉和刚方正直相统一的状态，既注重内在品德修养上的谨小慎微、时刻自省，又追求外在行为处事的刚正不阿、坚守原则。曾国藩在着力提升自身品格操守的同时，有着强烈的建功立业志向，时刻关注国家政治形势、忧虑民生福祉。

在家书中他提到君子立志要有“民胞物与”的胸怀和“内圣外王”的事业追求，对世风日下、列强侵凌、官场腐败以及百姓未得恩泽等现象深感忧虑，体现出他悲天悯人的情怀和以天下为己任的责任感。他对事功的向往在诗作等方面屡有体现，认为圣人不仅是修身的楷范，更是富有经邦济世的智慧和才干的榜样，羡慕圣人的博通万物以及匡济时事的能力，侧面反映出他自己在这方面努力的方向，即希望像圣人一样能在社会政治层面有所作为，凭借自己的能力为国家和社会做出贡献。

曾国藩对立言的追求分为两个层面，首先，期望以蕴含“见道”思想的文章流芳后世，他大力鼓吹圣人之“文”，认为圣人立行与万事万物相交错且契合于道，其文字可教导后世，所以自己为学求道时，也应通过文字将道理传达出去，并且视顾炎武为这方面的楷模，顾炎武的诸多著作以经世致用为旨归，契合曾国藩对事功的渴慕，因而得到他的推崇。其次，他希冀以诗文创作成为名家。曾国藩有志于诗古文之学始于居京应考期间，进入翰林院后，因职务所需更要具备优秀的文学修养，便研读诸多大家之作。然而，他对诗文的态度颇为矛盾，一方面，受理学观念影响，认为沉溺诗文对进德无益，告诫自己不可溺心其中，尤其是诗歌创作，要等道德修养圆满后才可为之；但另一方面，他实际又对诗文有着超乎寻常的爱好，即便在钻研心性之学后也未怠慢对诗文的研讨，甚至还豪言在古文和诗方面将来会有成就，以韩愈、王安石等大家的造诣自期，展现出他对文学事业的强烈渴盼。

在曾国藩看来，德、功、言彼此紧密相连，是和谐的统一体，均是他理想中圣贤事业的组成部分。立德是立功、立言的根本与前提，只有品德修养到位了，才能更好地去建立事功、进行立言；而立言则是主体德业与事功的文字表现，通过文字将内在的品德修养和外在的功绩展现出来。部分学者认为曾国藩虽在经史实学方面或许没有特别精深的造诣，但“文辞”成就显著，而这一成就的取得，正是以他对“立言”的追求为直接动力，且是以其充实的德业与事功为深厚基础的，三者相互支撑、相互影响，共同构筑起他完整的人生价值体系和理想追求框架。

三、晚年之境的人生追求

咸丰八年复出之后，曾国藩的人生追求在延续前期的基础上有了新变和突破。他依旧重视德、功、言，但事功的地位逐渐提升，并且在理想人格境界的建构方面，除了尊崇儒家圣贤的惕厉和刚正，还开始仰慕道家潇洒旷达的人生风神，将庄子、陶渊明等人纳入圣贤行列，展现出其人生价值取向的拓展与演变。

在人生后半阶段，曾国藩始终未曾放松修德润身。从他后期日记中常引“居敬”“存诚”之道反省自警的记载可看出。初见到西洋千里镜时，他甚至能联想到自身进德修业，感慨只要加倍努力、日新又新，就能变化气质、超凡入圣。这体现出儒家圣贤的修身观念已深深扎根在他心中，成为其内在坚守的理念，影响着他日常对品德修养的持续追求。

咸丰九年(1859 年)所作的《圣哲画像记》全面展现了他后期学术思想发展的规模和趋向，更体现其后期价值观的变化。文中论列古今圣哲三十二人，将有“政事而兼德行”的诸葛亮、陆贽等人置于单纯讲“德性”却缺乏事功建树的宋代理学诸家之前，反映出立功在他圣贤观中地位的提高，这与程朱理学对诸葛亮的看法不同，显示出他重视事功的圣贤观，承清初诸儒，已和纯正理学趣味产生差异。在立言方面，他将李、杜、苏、黄等诗人与韩、柳、欧、曾诸文人等量齐观并纳入圣贤行列，改变了此前对诗古文游移不定的态度。再度出山后，他对诗歌创作兴味渐淡，对古文研讨则更为自觉。他同时还制定日常计划来分配精力：“每日午前于吏事、军事加意；午后于饷事加意；灯后于文事加意。以一缕精心，运用于幽微之境，纵不日进，或可免于退乎?”对古文创作也抱有乐观期待且有一定成就，其古文批评更丰富、更具理论深度，这和他的刻意追求密切相关。曾国藩晚年对事功的重视愈发明显，比如在《求阙斋日记类钞·兵谋》中提出“儒侠兼综”的思想：“儒缓侠急，道本同源。命世英哲，乃兼厥长。”他指出豪侠鄙视财利、忘己济物、轻死重气等品质与儒家圣贤观可相互沟通，认为豪侠亦可称为圣贤，将豪侠的豪性与慷慨引入到圣贤人格境界中，还以此来教育、鼓励士人，这与理学家重在“明道”“正谊”的理念不大相同，体现出他独特且更具包容性的价值评判标准。

在理想人格境界塑造上，曾国藩后期有显著变化，部分学者认为他吸纳道家庄子的逍遥旷达来完善自身人格修养。早年他崇奉儒家式的“惕厉”与“刚方”人格，复出后，在成为圣贤的方法论上，将刚健的进取与柔性的谦退相结合，强调做事时奋勇当先，面对功名禄利则淡泊谦让，综合了儒道两家的人格理想。他对庄子的人生态度激赏不已，认为庄子的道德人格修养与孟子有相通之处，尤其心仪庄子摆脱世俗功名利禄烦扰、追求个体自适逍遥的人生态度，还连带仰慕受庄子影响的陶渊明、陆游等诗人，虽在现实中难以全面实现庄子式的逍遥，但也能从中获得启发，以出世精神从事入世事业。

曾国藩后期的人生追求对学术思想和诗文批评都产生了直接影响。在学术思想上，咸丰八年(1858 年)复出后，学界虽认为其思想内核未脱离儒学，但他在理学之外兼纳诸子之学，最终形成以礼为归的思想旨趣，而这是以经世致用为礼学思想的现实根基的。在诗文方面，将庄子的潇洒旷达纳入理想人格境界，成为其诗文风格论以及诗学典范演变的直接原因。曾国藩对德、功、言的追求能集于一身，很大程度上依赖其倔强个性及由此产生的强毅之气。他的倔强个性一方面得于天赋，另一方面受幼年庭训和少年科举磨炼影响。他常提及祖父曾玉屏对他的教导，祖父的勤恳劳作精神与儒家刚健有为等理念相通，“三不信”体现的破除迷信、注重实干的观念也和“人定胜天”之旨暗合,可见家教对其个性影响之深。同时,科举之路的周折让他收获了愈挫愈奋的人格力量,成为其人生追求的深层心理基础,并且成年后他对倔强个性有着自觉的持守意识,将其视为男儿立身行事之本。“倔强”大体指勇于进取、不屈不挠、不与世俗同流合污的人生态度,与“柔靡”相对,他认为功业文章都需灌注这种精神,否则难以成事,这体现出倔强个性在其实现人生追求过程中的关键支撑作用。曾国藩复出后将庄子式的旷达融入理想人格境界,和他的生存状态密切相关。后期他一直被军事政务缠绕,身心俱疲,清军江南大营被破后,他处于极度忧灼状态,平定太平天国后又接连承担剿捻、办理教案等事务。同时,政治地位渐高、名誉渐隆的他,还要费心保全个人声望、维持门第繁盛,时刻谨言慎行并告诫家人。在这样的处境下,他深感自己受“名心”和“俗见”束缚,内心渴望摆脱,而庄子式的旷达精神正好契合他的这种心理需求,自然得到他的倾慕和推崇,成为其在艰难生存状态下寻求精神解脱和人格完善的重要依托。

第三节 《曾国藩家书》概览

一、作为“经典”的《曾国藩家书》

曾国藩生于1811年,字涤生,是湖南湘乡人。他27岁考中进士,此后像多数官僚一样按部就班、稳步升迁,在前期仕途上并无特别突出之处。直至太平天国运动席卷大半个中国,他以文官士大夫的身份组织团练湘军,最终成功挫败洪秀全政权,给处于内忧外患困境的清王朝延续了生机,为“同治中兴”奠定基础,由此在当世士大夫群体中建立起了无与伦比的威望。曾国藩去世后,清廷赐予“文正”的谥号,极尽哀荣。在他去世的1872年,其门生故吏耗时五年(1872—1876年)编成了多达一百五十四卷的《曾文正公全集》并刊刻发行。这部全集内容丰富,除部分诗文、读书笔记外,奏稿、书札、批牍、家书家训、日记等占据绝大部分,其中《曾文正公家书》更是影响深远,于1879年在长沙刊行,收录大量与弟书、训子书,内容涵盖处世、养性、读书等诸多方面,此后不断印行,在当时社会颇为盛行。即便到了民国时期,曾国藩依然是众多读书人的榜样,像梁启超编《曾国藩嘉言钞》、蔡锷编《曾胡治兵语录》，蒋介石甚至将《曾胡治兵语录》作为黄埔军校教材，足见其影响力之大，在整个晚清民国时期，其声望一直很高，即便存在如章太炎那样从排满的种族主义立场出发，斥其为“元凶”“民贼”的负面评价，但也不得不承认“誉之则为圣相”，可见其总体声望并未受到实质性损伤，《曾文正公家书》依旧风行海内。随着马克思主义唯物史观主导的阶级分析法的出现，强调农民对封建皇权的挑战具有进步意义，在 1949 至 1979 年间，《曾国藩家书》销声匿迹了，这与当时的历史背景和主流史学评价观念密切相关。1982 年，《曾国藩家书》重新出版，再次风行于世，影响力至今犹存，甚至俨然跻身“经典”之列。然而，在此轮风行背后，其“经典”的内蕴却发生了扭曲，沦为与“成功学”“心灵鸡汤”“职场厚黑学指南”类似的存在，失去了原本深厚的历史文化内涵，这也凸显出经典在时代变迁中面临的尴尬处境，其原本承载的思想、文化等价值被片面解读和简单挪用了。

二、《曾国藩家书》是何种意义上的“经典”

从销量和影响力角度看，《曾国藩家书》堪称近现代的“经典”，但它成为“经典”并非主要源于文本价值与魅力，更多得益于“曾国藩”这个金字招牌。比如曾国藩在文学领域有多方面成就，其诗文被视作近代宋诗派先驱，在清诗史上地位重要，与王士祯、沈德潜等齐名；文章被看作“桐城派”革新者，开启“湘乡”一派，所编《经史百家杂钞》都被认为可与姚鼐《古文辞类纂》媲美。不过按现今文史专家看法，他因政务繁忙，文章欠锤炼。但总体而言，就像他的诗、文沾了他个人光环一样，《曾国藩家书》能风行海内一百余年并隐隐成为“经典”，很大程度上是借了曾国藩本人的名头。

一般而言，经典是人类历史中被公认具有权威性、典范性且历久不朽的著作，像中国的《论语》《诗经》、杜甫的诗等。在西方语境里，“*classics*”或“*canon*”虽有区别但不是重点关注内容，“*canon*”源于古希腊文“kanōn”，原意是笔直坚挺的植物（如芦苇），相关词“kanoōn”引申出笔直的尺子、规则、标准、模型等意思，而中国语境中“经”有“常或永恒”之意，“典”有“典型”之意，中西方对“经典”词义的阐释都揭示了经典之所以为经典的一些特质。基于 John Guillory 对文学经典生成的三种类型划分——制度实践（教育体系）、历史积淀的典籍、语言知识生产，《曾国藩家书》的“经典性”存在明显局限：首先，它未被纳入制度化教育(如教科书或考试体系);其次,其成书于晚清(19世纪中叶),距今仅百余年,难以匹配《论语》《史记》等历经千年筛选的典籍地位;最后,家书语言平实,未对汉语规范产生实质影响(Guillory, 1993)。因此,学者常以引号标注其"经典"属性,并冠以"近现代""功能性"等定语(唐浩明,2010)。相较于《鲁迅全集》等兼具艺术创新与思想深度的文学经典,《曾国藩家书》的艺术价值较弱,且思想多承袭宋明理学(王汎森,2004),但其独特意义在于:通过修身齐家、处世为官的具体建议,系统呈现了传统士大夫的伦理实践智慧,成为近代中国社会转型期的特殊文化标本(张灏,2016)

三、《曾国藩家书》缘何被曲解为大众"成功学"

在一定意义上,曾国藩的一生体现了传统士大夫的最高梦想。这里将其与明代大儒王阳明相提并论,王阳明建立的"心学"体系影响力极大,抗衡朱熹"理学",在明末清初影响长达百余年,而这一方面依靠王阳明个人的卓越天赋,另一方面其显赫的"事功"也对学说传播起到有力保障作用。曾国藩与之相似,自身的"事功"不仅提升了他个人的价值,也使得他所有的遗著更受重视,所以在晚清乃至民国时期,他成为士人们首屈一指的楷模。然而,随着科举制被废除,"四民社会"(指代士农工商结构)解体,"士"阶层逐渐退出历史舞台,曾国藩在精英群体里的榜样力量开始逐渐减弱等原因。即便没有范文澜将他定义为镇压农民起义的"刽子手"这种定性,在五四之后的新一代精英群体中,他的影响力也会自然而然地慢慢淡去,这体现出时代变革对历史人物在特定群体中影响力的巨大冲击。出人意料的是,伴随庸俗"成功学"的流行,曾国藩在民间的影响力不减反增,《曾国藩家书》不断再版就是有力证明。但在精英学者层面,大多只是将其作为史料进行一般性翻阅引用,从知网搜索相关研究来看,对《曾国藩家书》的研究多集中在硕士论文阶段,且以教育学专业居多,研究方向涵盖伦理思想、主体思想、各类教育思想以及家庭和谐、育儿思想等方面。而民间则把《曾国藩家书》当作"成功学宝典",如《曾国藩家书》在畅销书排行榜的持续上榜(开卷数据 2010—2020 年传记类 Top50),以及《曾国藩为人处世之道》等衍生书籍的热销现象,人们试图从中探寻成功之道。这种差异使得《曾国藩家书》的"经典"地位变得不稳定、摇摇欲坠。尽管从世界范围来看,自18世纪起平民对精英话语权有冲击和质疑,但回顾历史,经典往往需要经过精英的认定,就像南北朝民歌、“杜诗”“苏词”等，虽在民间盛行，但最初都是由精英记录、润色并认定其经典地位的。所以对比之下，如今《曾国藩家书》若还被视为“经典”，似乎只是“功能性经典”，因为它如今流行的主要原因是被认为蕴含“成功”之道，而其作为“经典”的内在文化、思想等方面的价值远没有被挖掘。

曾国藩结识重要师友代表

姓名	籍贯	官职/学术地位	对曾国藩的影响
唐鉴	湖南善化(今长沙)	理学大师，嘉庆十四年进士，官至太常寺卿	师从其习义理之学
倭仁	蒙古正红旗	理学大师，道光进士，官至文渊阁大学士	师从其习读书修身之道
何绍基	湖南道州(今道县)	学者、书法家，道光十五年举人	与之探讨书法艺术
刘传莹	湖北汉阳	学者、藏书家，道光十九年举人	从其习训诂学，助其校刻《孟子要略》
欧阳厚均	湖南安仁	岳麓书院山长，嘉庆四年进士	影响其学识体系与文章方法论
吴廷栋	安徽霍山	刑部侍郎，道光五年拔贡	通过日记交流理学心得
欧阳兆熊	湖南湘潭	文学家，道光十七年举人	曾护理病重曾国藩，结为挚友
邵懿辰	浙江仁和(今杭州)	经学家，道光举人，刑部员外郎	在京师与之讨论学术
何桂珍	云南师宗(今由靖)	宋学大师，道光帝师	在京师常与之探讨宋学
窦垿	云南师宗(今昆明)	学者，嘉庆八年进士	与之讨论理学思想
冯卓怀	湖南长沙	道光十九年举人	长期交流学术与治世心得
吴嘉宾	江西南丰	内阁中书，道光十八年进士	“疑古辨伪”方法对曾国藩考据学的影响
李棠阶	河南沁阳	理学大师，道光二年进士	主张“理学非空谈，必施于政事”，推动曾国藩转向务实
穆彰阿	满洲镶蓝旗	文华殿大学士，嘉庆十年进士	提携其早年仕途

续表

姓名	籍贯	官职/学术地位	对曾国藩的影响
陶澍	湖南安化	两江总督，嘉庆七年进士	经世思想对其产生重大影响
贺长龄	湖南长沙	云贵总督	经唐鉴引荐拜其为师
左宗棠	湖南湘阴	陕甘总督、军机大臣，道光十二年举人	早年入曾国藩幕府，后因理念分歧自立楚军
郭嵩焘	湖南湘阴	晚清首位驻外公使，道光进士	参赞湘军军务，与其交谊深厚
刘蓉	湖南湘乡(今娄底)	陕西巡抚，桐城派古文家	幕僚核心成员，意气相投
江忠源	湖南新宁	湘军初期主帅，道光十七年举人	所创“楚勇”为湘军雏形，影响其建立水师
罗泽南	湖南湘乡(今双峰)	湘军创始人，官至浙江布政使衔(加衔)	所创“湘勇”奠定湘军基础
胡林翼	湖南益阳	湘军首领，道光十六年进士	与曾国藩并称“曾胡”，合著《曾胡治兵语录》

第四节　曾国藩家训立德树人之道思想的形成条件

一、修德经验的提炼

(一) 内以修己

曾国藩从孟子性善论出发，认为人性本善但受“气禀”和“物欲”影响易失本性，需通过不断学习恢复，迷失多者更要实践。圣人德行修养以学问为基础，靠“好问好察”等途径洞悉万物，虽有先天善性却因气质和习染受拘蔽，要用“道”恢复，学习目的是恢复本性，途径为格物诚意，他推崇宋儒“义理之学”融合了经世致用的实学精神(如强调“经济之学”)，认为其决定德性人格，还以自家兄弟为例说明勤学好问可补天资不足，通过“好学”“好问”获得“智”与“明”。他认为读书可“变化气质”，仁人君子气质特性靠知识学问滋养，立志修齐治平、内圣外王之人要有“明强”气质，即刚毅坚强、不屈不挠的精神气质与性情，基于儒家为学程式，担当大事要在“明强”上下功夫，“明”的实质是学问指导下的理性判断，若仅有“强”而无“明”，易沦为蛮干。人的人格、气质以知识学问为基础，仁人君子学问基础是经史百家，古代圣贤的修齐治平、内圣外王之道经其传递教化后世，如古代圣贤创制文字及相关经典以阐述道理，圣人因立身行事合大道且文字可教导后人而可贵，后世靠文字学圣贤，故“今日欲明先王之道，不得不以精明文字为要务”。曾国藩认为以经史百家为依据的学问研究与人格修养内在一致，“学问之道，能读经史者为根柢”①，儒家经史之学涵盖“内圣外王”要点，是有本末之学，是学问与人格修炼依据，其文经史百家，业学问思辨，始于修身终于济世，蕴藏知识探求精神，落实于修身，以经世济众成就内圣外王人格，他以《大学》为例说明儒家经典统一学问与人格，强调研读经典要将知识用于“内以修己，外以治人”，成就圣贤理想人格，正因认识到学问对成圣贤的重要性，曾国藩一生勤学。

（二）取人为善

曾国藩认识到每个人都各有长短，所以提倡打破固定的师法限制，相互学习。这种相互学习并非单向的索取，而是彼此扶持、共同进步的过程，“善气迎人”形象地说明了这种良性互动带来的积极且源源不断的影响，而“取人为善”则是他将善于学习他人优点内化为自我提升的一种总结与倡导，体现了一种谦逊且善于借鉴的处世与成长智慧。在人际交往中，这样的理念有助于营造和谐互助的人际关系，避免因只看到自身优势或他人不足而产生的傲慢或偏见。从个人成长角度，不断汲取他人优点能拓宽自身视野、弥补自身不足，实现更全面的发展，是一种积极进取且符合实际的自我提升途径。尽管曾国藩扎根于儒家且尊崇宋儒一派，但他并没有陷入“破除汉宋之争”，而是以开放的心态接纳其他学派。这反映出他追求学问的广博性与多元性，明白不同学派都有其独特价值与可借鉴之处，劝儿子曾纪泽广泛涉猎就是希望其能打破局限，在更丰富的学术思想中汲取营养，培养更全面、深刻的思维方式。他所列举的三十二位“圣哲”涵盖众多领域和门派，涉及义理、考据等多方面，这些人成为他学习的榜样，说明他不拘泥于单一的学术路径，而是博采众长，从不同角度丰富自己的学问体系，旨在通过学习这些优秀人物的思想、成就，完善自身对学问的认知与实

① 曾国藩.曾国藩全集·家书一[M].长沙:岳麓书社,1985:406.

践。身处大变革时代，很多人可能因循守旧或对新事物感到迷茫、排斥，但曾国藩却能保持敏锐感知且好学不倦，这凸显了他“通时合变”、积极探索新知识的进取心态。尤其在面对西方科技时，他摒弃了当时一些保守的、盲目排外的观念，主张大胆学习西方先进科技，正视“洋人智巧”并努力将其运用到本国实际中，这体现了他在时代变革浪潮中超越传统局限、谋求国家发展进步的远见卓识和积极尝试，在当时的历史背景下是难能可贵的变革意识与行动。

（三）勤勉自励

曾国藩将勤勉视为通向圣贤境界的必经之路，提出“天下之事，有其功必有其效”，强调做事要遵循自然规律和循序渐进的原则，不能急于求成。就像农耕，如果“卤莽而耕，灭裂而耘”，却奢望十倍丰收，那必然是不可能实现的空想。做学问和处理政务亦是如此，做学问需要持之以恒、久久为功，方能成就“道业”，达到圣贤的境界；政务上勤勉付出，日积月累后就能实现良好的教化，趋近尧舜那般的贤明治理效果。他用母鸡孵蛋、燕子筑巢、浇灌树木、泉水奔流这些形象的比喻，生动地阐释了只要专注于持续努力，不要过度在意当下的成效，经过时间沉淀，最终定会有所收获，体现了“铢积寸累，艰难缔造”的做事态度。

曾国藩在修身、学问以及事功等多方面能取得非凡成就，原因之一就在于他始终如一地保持勤勉，并且深刻明白“人而无恒，终身一无所成”的道理。在他看来，世间所有的事业，无论是个人的人格修养提升、学问境界拓展，还是在政治上建立功业，都不是一蹴而就的，而是依靠日复一日、点点滴滴的积累才能达成。他指出“勤之道有五”，从“身勤”“眼勤”“手勤”“口勤”“心勤”这五个维度具体阐述了如何践行勤勉。例如“身勤”要求不畏艰难险阻，亲自深入实地；“眼勤”强调对人和事物要细致观察、反复审视；“手勤”注重对日常琐碎事务的妥善处理；“口勤”关乎人际交往中的相互劝诫引导；“心勤”则聚焦于凭借真诚和深度思考去攻克难题。做到这“五勤”，便能在面对各类事务时尽到应尽的职责。同时，他认为天下诸事都依赖“勤”字，而要长久保持“勤”，关键在于有“恒”。“天道恶贰”，这里的“贰”就是不忠，也是缺乏恒心的表现，他将持之以恒看作是增进品德、成就事业的根本保证，点明没有恒心必然导致一事无成，而长期坚持勤勉且历经磨炼的人，则有望成为像古代尧、舜、周公、孔子那样的圣贤豪杰。

曾国藩坦诚自己自认为天性笨拙迟钝，但却能成就一番伟业，这完全得益于后天持续不断的勤奋努力。他从 1839 年开始写日记，将其作为自我监督的

“日课”，一直坚持到 1872 年去世，整整 30 年从未间断，始终践行当日事当日毕，每天进行深刻的自我反省。此外，还时常撰写文章提醒自己要保持勤奋的状态，并且以古代圣贤如商汤“昧旦丕显”（天未亮就开始操劳国事，彰显贤明）、周文王“日昃不遑”（太阳西斜了都顾不上休息）、周公“仰而思之，夜以继日；幸而得之，坐以待旦”（日夜思考，得到成果后也不松懈，坐等天亮继续做事）等极度勤勉的事迹来激励自己，足见他对勤勉的重视以及将其融入生活点滴的决心。

曾国藩把“勤”比作天地间的阳气，认为在立身居家、为官治军等各个方面，都如同需要阳气充足一样，离不开勤勉。勤勉则能带来兴旺繁荣，懒惰懈怠必然走向衰败没落，这表明“勤”已经不仅仅是一种行为方式，更是一种影响人生走向、关乎成败兴衰的关键因素，体现了其对“勤”的高度尊崇以及将其提升到品德修养层面的认知。他一生身体力行地奉行“勤”这一理念，也正因如此，养成了良好的品德，实现了深厚的修行，进而推动了他在事业上不断取得成功。

他特地刻“劳谦君子”印章送给弟弟曾国荃，并且在家书中对其进行劝勉。在同治二年三月廿四日（1863 年 4 月 24 日）的家书中，以办军务为例，强调做事要时刻保持勤劳，如同农民辛勤耕种、商人追逐利益、船夫逆流而上那般不辞辛劳、夜以继日地劳作，而且劳作之后还应具备一种“ 勤劳而后憩息，则憩息亦觉酣畅”，将勤劳和恬淡的心态相融合，才更具意味。在同年十一月十二日（1863 年 12 月 22 日）的家书中，又告诫兄弟要专注于“积劳”，不要去过多考虑能否成名、享福等问题，体现了他希望兄弟能传承勤勉精神，专注做事、淡泊名利的殷切期望，也传递出其家族内部以勤勉为家风传承的理念。

（四）切己体察

“切己体察”是一种将儒家经典理念内化为自身修养与处事能力的关键方法，强调把知识学问和生活紧密结合，在实际生活中去体会真理。它源于宋代大儒朱熹所倡导的读书方法，朱熹在《朱子语类》中多次提到“读书须切己体验，不可只作文字看”，朱熹主张将“尊德性”与“道问学”统一，通过学问追求涵养内在“德性”，这一过程就是“切己体察”，曾国藩对该方法十分认同，并将其视为极为重要的学习与修身之道。曾国藩回顾自己早年读《四书》尤其是《孟子·离娄上》首章时体会不深，后来在外面办事的实践经历中，才深刻领悟到其中语句蕴含的精辟道理，这正说明了“切己体察”需在生活实践中去感悟知识的价值，若脱离实际生活，单纯研读经典往往难以真正领会其中深意。

在曾国藩看来，儒家经典与个人生活息息相关，读书若不能把经典中的道理运用到生活里，那读书便失去了意义，即便能写诗作赋、看似风雅，也不过是“识字的牧猪奴”罢了。他以《大学》的三纲领“明德”“新民”“止于至善”为例，指出这些本就是人们分内该践行之事，读书的目的应是将所学融入生活，实现自我修养提升，体现出他对学以致用、知行合一的高度重视，而“切己体察”正是达成这一目标的重要途径。

曾国藩认为切己体察、穷究其理就是格物，它是探求知识的方式。世间万物，无论是身体、心态、意念、家庭、国家等各方面相关之事，还是日常行为中的具体事物，皆可视为“物”。而“格”就是观察并探究这些事物的原理。比如对父母尽孝涉及定期探望这一行为，探究为何要这样做的道理就是格物；又如追随兄长并辅佐他这件事，去探寻背后的道理同样是格物；甚至对于自身心灵修养、体态仪容以及所读书中的每句话，去钻研其中的奥妙也都属于格物的范畴。通过这样对各类事物深入探究其原理，便构成了获取知识的过程，展现出一种从生活点滴中挖掘知识、领悟道理的学习思路。诚意即身体力行，是根据自己所学的知识去实实在在地践行，秉持认真踏实的态度。知晓一条道理便去依照此道理行事，就是在进行身体力行。格物与诚意需并进，只有这样才能通过学习领悟到高深的道理，强调了知识与实践相互促进、相辅相成的关系，避免学问沦为空洞的理论，而是转化为指导行为、提升修养的有力工具。

曾国藩终生以“德之不修，学之不讲”为戒惧，即便到了老年，仍在日记中频繁地警诫自己“学问无成、德行未修，深感愧悔。”他通过“切己体察”把学问与修身紧密相连，在学问上做到了“无学不窥”，成为一代大儒；在人格修养方面，也不断自我反省、自我批评，敢于正视自己的不足，如性格上的执拗、笔下文字的张扬以及弟弟曾国荃存在的以神气、面色凌人等问题，他都能坦诚指出并告诫改正，体现出其运用“切己体察”切实将儒家修身理念贯彻到日常生活和人际交往之中，努力塑造良好品德和行为习惯。

在家书中，他多次提及对自身及家人修养的反思与劝诫，强调如“孝”“悌”这些家庭日用中的品德践行就是学问所在，批判当时人们读书只为追求科名而忽视伦纪大义的现象，凸显他重视将学问落实到日常行为、家庭伦理中的观念，通过不断反省与践行，致力于成为名垂后世的“圣贤”。

曾国藩号涤生，“涤者，取涤其旧染之污也；生者，取明袁了凡之言‘从前种种,譬如昨日死,以后种种,譬如今日生'也。"[①]从二十一岁改号到三十岁时感慨学业无成、决心不再懈怠,可见其一生都在通过自我反思、自我约束,以践行"切己体察"的方式不断追求自我完善,力求克服自身缺点,实现品德和学问的提升。

曾国藩从道光十九年(1839年)开始写日记,且日记中有诸多深刻的自我批评内容,这是他践行自我反省、落实"切己体察"的具体方式之一。他为自己规定了十二条"课程",涵盖主敬、静坐、早起等多个方面,涉及品德修养、生活习惯、学习态度等不同领域,通过这些细致的要求,全面地约束自己的日常行为,不断督促自己在各方面进行改进与提升,进一步展现出他对自我修养提升的高度自律与坚持不懈的追求。

总体而言,曾国藩围绕"切己体察"这一核心方法,融合对"诚"等儒家重要理念的深刻理解,通过不断自我反省、严格自律以及将学问与生活实践紧密结合,塑造了自身良好的品德修养,同时也在教育家人、处理事务等诸多方面践行这些理念,为其在学问和事业上取得成就奠定了坚实基础,也充分彰显了儒家思想在个人成长与社会生活中所具有的强大影响力和实践价值。

二、儒家思想的熏陶

在源远流长的儒家道德修养思想当中,"学"向来被赋予了特殊且备受重视的地位。儒家思想从诸多方面对"学"进行了深刻且全面的阐释,就学习态度而言,倡导人们秉持"敏而好学,不耻下问"的精神,这意味着要以积极主动的态度去追求学问,不因向他人请教而感到羞愧,要抱着开放且谦逊的心态去汲取知识。在学习方法的层面上,提出了"学而不思则罔,思而不学则殆"的理念,强调学习与思考二者缺一不可,单纯地学习却不加以思考,便会陷入迷茫困惑的境地,而只是一味空想却不通过学习去积累知识,同样会陷入无所收获的认知误区,唯有将学与思有机结合起来,才能真正掌握学问的精髓。在学习对象选择上,儒家主张"择其善者而从之,其不善者而改之"的原则,也就是要善于甄别身边的人和事所展现出的优点与不足,对于那些值得学习的长处积极借鉴吸收,而面对存在的缺点与问题,则反观自身,有则改之,通过这样的方式不断完善自

① 曾国藩.曾国藩全集·日记1[M].长沙:岳麓书社,1987:42.

我。同时，在学习心态方面，提倡“知之者不如好之者，好之者不如乐之者”，意在引导人们从仅仅知晓知识的层面，上升到对学问产生浓厚兴趣的阶段，进而达到以学习为乐的更高境界，当以学为乐时，便能更主动、更深入地沉浸在求知的过程之中。

在儒家的为学观念里，始终存在着“为己之学”这样一个独特的理念。乍一看，这似乎带有较为浓重的利己功利主义思想，容易让人误解为只是为了满足个人私利而进行学习。但实际上，这里所说的“为己”有着更深层次的内涵，它所追寻的乃是让人成长为“完人”的有效途径与恰当方法。在儒家看来，学问真正的目的并非为了获取外在的功名利禄，而是聚焦于学会如何做人，“若仅为功名而学，则背离‘为己’初衷”。那些将为官为帅当作终极理想的想法，在儒家眼中，不过是部分学艺不精之人的盲目自大、好高骛远罢了。从价值论的角度深入剖析，要成为一个真正意义上完整且健全的人，必然需要经历一个持续不断学习提升自己的思想境界的过程，在这个过程中，要不断对自己已有的认知进行改造，与此同时，还要有意识地去克服自身存在的一些不文明的习惯，通过这样的方式，使得自己的精神状态能够朝着更加美好的方向发展。从这个层面来讲，学习做人的过程，其实道德完善是根基，人格确立是显现，精神提升是归宿，这才是学问对于个体成长最为关键的意义所在。

曾国藩深受儒家思想的影响，便是从这样的思想逻辑起点出发，开始构建属于自己的为学德育思想体系。起初，他将这一体系牢牢构筑在“为己”的基础之上，着重于在为学的初期阶段，踏踏实实地夯实学问根基，秉持厚积薄发的理念，一步一个脚印地积累知识、涵养品德。并且，他还将君子之学视作自己为学过程中的基本态度以及追求的目标。为学本身并非最终的目的，它仅仅是人们在追求“真善美”道路上的一种有效手段而已。晚清世风日下，学风浮躁，曾国藩却重拾传统为学德育的精髓。他将“立德、立功、立言”确立为根本标准，以此指导自身及门生的学问与修身。例如，在指导其子曾纪泽学习的时候，他就有着十分独到且符合教育规律的见解。“读书记性不好，悟性较佳。若令其句句读熟，或责其不可再生，则愈读愈蠢，将来仍不能读完经书也。……若蛮读蛮记蛮温，断不能久熟，徒耗日工而已。”[①]他深知曾纪泽记性欠佳但悟性相对较好的特点，所以指出如果一味地要求曾纪泽将书本上的内容句句读熟，或者过分苛

① 曾国藩. 曾国藩全集·家书[M]. 长沙：岳麓书社，1985：291.

责他不许遗忘，那么这种机械的学习方式只会让曾纪泽越学越刻板，甚至变得愚笨，最终可能连经书都无法顺利读完。而且，如果只是盲目地蛮读蛮记蛮温，这样的学习方法根本无法让知识长久地留存于脑海之中，不过是白白浪费时间和精力罢了。

曾国藩深刻地认识到为学的本质在于实现自身修养的切实提高，如果学习者过度地埋头于书籍当中，只是一味地死记硬背，而不注重将所学知识与自身修养的提升相结合，那么不仅无法达成为学所追求的“修身进德”这一根本目的，还会对个人其他方面的协调发展造成阻碍，这种学习方法无疑是对人本性的一种压抑与遏制。

难能可贵的是，曾国藩在强调修身的同时，亦注重学问的经世价值，其思想兼具“内圣”修养与“外王”实践，这在当时的历史背景下显得尤为珍贵，彰显出了他超越时代局限的远见卓识以及对学问和人生深刻而独到的理解。

三、湖湘文化的浸润

湖湘文化是在湖南地区长期发展过程中形成的一种独具特色的地域文化，其内涵丰富、底蕴深厚，对中国历史进程产生了深远影响。湖湘文化的源头可追溯至上古三苗文化，春秋战国时期融入楚文化体系，吸收其“信巫鬼、重淫祀”（《汉书・地理志》）的浪漫主义与开拓精神，奠定了“敢为人先”的文化基因。随着历史的推进，到宋代，岳麓书院始建于北宋开宝九年（976 年），它的建立成为湖湘文化发展的关键节点，形成于南宋的湖湘学派由此兴起，他们秉持“经世致用”的理念，强调学术与社会实际相结合，学者们不仅钻研儒家经典，更关注社会的改革、民生的改善等现实问题。明清时期，王夫之等思想家进一步丰富了湖湘文化的思想内涵，他们对宋明理学进行批判继承，提出诸多具有深刻哲理和进步意义的观点，反映出湖湘文化中知识分子独立思考、心怀天下的特质。

湖湘文化具有鲜明的特点。其“经世致用”的思想深入人心，主张将知识学问应用于实际事务，以解决社会面临的各种问题。“心忧天下”的情怀使得湖湘人士始终将国家命运、民族兴衰与自身紧密相连，具有强烈的忧患意识和社会责任感。“敢为人先”的精神激励着湖湘儿女勇于突破传统，敢于创新，在各个领域积极探索新的道路和方法。

曾国藩出生于湘潭，深受湖湘文化的浸润与影响。他在面对晚清内忧外患的局面时，积极组建湘军，以平定太平天国运动为契机，将所学知识和军事才能运用到实际的战争与社会治理之中。

他注重军事训练、人才选拔与培养，以务实的态度打造湘军，使其成为一支具有强大战斗力的军队。在战争过程中，他还不断总结经验教训，对军队的后勤保障、战略战术等多方面进行深入思考与改革，这都是经世致用思想的实践表现。

湖湘文化"心忧天下"的情怀促使曾国藩以挽救清王朝的统治危机、维护国家的稳定为己任。他虽身处高位，但始终心系天下苍生，试图通过自己的努力来恢复社会秩序、改善民生状况。他在地方治理上推行一系列措施，如兴修水利、鼓励农业生产、整顿吏治等，期望能从根本上解决当时社会面临的诸多困境，尽管这些努力受时代局限，但出发点是其心怀天下的体现。

"敢为人先"的湖湘精神也在曾国藩身上有所彰显。在晚清封闭保守的大环境下，他率先认识到西方列强的先进技术对中国的威胁与机遇，积极倡导并开展洋务运动。他创办了安庆内军械所等近代企业，引进西方的技术和设备，尝试培养近代化的人才，开启了中国近代工业的先河。这种勇于突破传统观念束缚，尝试学习西方先进事物的行为，正是湖湘文化敢为人先精神的有力见证。

湖湘文化犹如肥沃的土壤，滋养出曾国藩这样在中国近代史上具有重要影响力的人物。曾国藩的思想、行为和成就都深深打上了湖湘文化的烙印，他也成为湖湘文化在特定历史时期的杰出代表，其与湖湘文化之间的紧密联系，也进一步彰显了地域文化对个体成长以及历史发展进程的重要塑造作用。

四、曾氏父辈的教诲

曾国藩父亲曾麟书的言传身教，对曾国藩"懿德"的感化和影响更加直接，这在曾国藩撰写的《台洲墓表》中充分反映出来。"先考府君讳麟书，号竹亭。平生困苦于学，课徒传业者，盖二十有余年。国藩愚陋，自八岁侍府君于家塾。晨夕讲授，指画耳提，不达则再召之，已而复诲之。或携诸途，呼诸枕，重叩其所宿惑者，必通彻乃已。其视他学童亦然，其后教诸少子亦然。尝曰：'吾固钝拙，训告若辈钝者，不以为烦苦也'。"[①]曾国藩的父亲曾麟书深知儿子读书刻苦，对

① 曾国藩.曾国藩全集.诗文[M].长沙：岳麓书社，2011：331.

其学业给予了全力支持。当曾国藩两次科举未中进士,心情郁闷并欠下巨额债务购买《二十三史》时,曾麟书不仅没有责怪他,反而鼓励他用心研读,并承担了买书欠下的债务,继续支持他参加进士考试。这种支持与鼓励,让曾国藩心怀感激,也激发了他强大的学习动力,使其更加刻苦地钻研学问,最终考中进士,并在文史方面取得了很高的成就。

曾麟书自身虽科举之路不顺,但他却有着正确的价值观,并将其传递给了曾国藩。他教育曾国藩要做一个有道德、有责任感的人,不为功名利禄所迷惑,而要以修身、齐家、治国、平天下为己任,这种价值观的引导,使曾国藩在追求仕途的过程中,始终不忘自己的初心和使命,致力于为国家和社会做出贡献。曾麟书深知家族荣誉和传承的重要性,他将家族的希望寄托在曾国藩身上,这种期望让曾国藩感受到了强烈的家族责任感,促使他不断努力,以光宗耀祖、振兴家族为目标,在取得成就后,也不忘回馈家族,通过撰写家书、制定家训等方式,传承和弘扬家族文化,教育和引导家族子弟,使曾氏家族人才辈出,延续多代。

五、良师益友的濡染

曾国藩一生中有许多良师益友,他们对曾国藩的为人处世、学问修养、仕途发展等诸多方面都产生了深远的影响。唐鉴是晚清著名理学家,号镜海,与曾国藩是湖南老乡。他一生专注于理学研究和道德修养,在学术和官场都有一定地位。唐鉴将写日记进行自我反省的方法传授给曾国藩。这种方式让曾国藩能够深入审视自己的内心,时刻保持自我警醒,从而有效规范自己在生活和官场中的行为。同时,唐鉴传授的程朱理学的"修身次第",使曾国藩深入研究理学经典,将理学倡导的道德标准融入自己的价值观,让曾国藩在面对诱惑时,能够坚守廉洁奉公的原则,克制私欲,深化了他的道德理念。唐鉴是曾国藩研习理学的关键人物,引导他深入探索理学,拓宽其学术视野。通过与唐鉴的交流,曾国藩对理学的理解更加深入系统,开始思考并运用理学中的诸多概念。而且唐鉴让曾国藩明白学术研究与道德修养相互促进,在学习理学过程中,曾国藩将其中的道德观念转化为自身行为准则,促使他在生活和学术研究中践行道德行为。

唐鉴的官德实践论深深塑造了曾国藩的为官理念,使他在仕途发展中始终将道德责任置于重要位置。面对政务和官场事务,曾国藩会用唐鉴传授的理念思考公正、廉洁、为民等问题。曾国藩通过唐鉴的理学圈层，与倭仁、吴廷栋等人形成学术共同体。这些人脉关系在曾国藩仕途发展中极为重要，他们相互交流支持，在朝廷事务等诸多场合为曾国藩提供信息和帮助。

唐鉴是被曾国藩称颂为有“昭然若发蒙”作用的理学宗师，正如曾国藩在家书中所提及的，“镜海先生，吾虽未尝执贽请业，而也已师之矣”①。

倭仁于同治元年(1862 年)被任命为同治帝师，在道德修养和理学研究方面有深厚造诣，其自身修养实践极为严谨，对理学理念的践行十分严格。道光二十二年十月(1842 年 11 月)下旬，曾国藩向倭仁求教修身之法。倭仁强调“研幾(即细致入微地观察和分析事物)工夫”最为关键，这是一种对内心善恶细微念头的觉察。他通过引用颜子、周子、《中庸》以及刘宗周(号念台)先生关于知“幾”的观点，让曾国藩认识到如果忽略内心善恶的初始念头，就会导致内心放纵难以收束。这一理念使曾国藩开始注重内心活动，让他在自我修养中有了新的关注点。倭仁进一步将“研幾”与治国理政结合，提出“心术即政术”(《倭仁文集》)，认为“一念之幾关乎天下治乱”(《陈治本疏》)，这一思想源自《大学》“修身以立天下之本”的逻辑。这拓宽了曾国藩的视野，使他认识到个人修养不再仅仅是个人的事情，而是与国家的兴衰息息相关。这促使曾国藩在进行自我修养时，从更宏观的角度思考个人行为的影响。

倭仁以“慎独”为纲，要求曾国藩写日课，而且要求他当天就开始，不要拖延。这种日课记录的方式让曾国藩养成了记录自己日常行为、念头和言语的习惯。通过日课，曾国藩能够更好地观察自己的行为模式和思想变化，从而有针对性地进行自我修正。曾国藩拜读倭仁的日课册后，发现倭仁从乙未年(1835年)起就坚持用楷字记录自己每天的一念之差、一事之失等，每月订成一本，并且慎独极严，一有妄念就立刻克制并记录下来。《曾国藩家书》载：“倭艮峰先生……每日有日课册，一日之中一念之差、一事之失、一言一默皆笔之于书。书皆楷字，三月则订一本。自乙未年起，今三十本矣。盖其慎独之严，虽妄念偶动，必即时克治，而著之于书。故所读之书，句句皆切身之要药。”②相比之下，曾国藩觉得自己比较疏散，没有戒惧意识。倭仁的这种自律和严谨的自我修养实践成为曾国藩的榜样，激励他以更高的标准要求自己。曾国藩把自己的日课册

① 曾国藩. 曾国藩全集. 家书[M]. 长沙：岳麓书社，1985：40.

② 曾国藩. 曾国藩全集. 家书[M]. 长沙：岳麓书社，1985：40.

送给倭仁审批，他非常重视倭仁的批语，将其视为“药石之言”。这些批语往往能深刻地指出曾国藩的问题，让他感到惭愧，从而促使他深入反思自己的行为和观念。例如，当倭仁在批语中要求曾国藩扫除一切旧习（特指“浮伪文风”与“名利之心”）时，这种尖锐的批评对曾国藩产生了强大的鞭策作用。

在倭仁的帮教和激励下，曾国藩的“研幾工夫”得到了很大进步。他学会了敏锐地觉察自己内心的善恶念头，并及时克制。这种对内心的精细管理有助于他在官德修养方面取得成效，使他在官场中能够更好地坚守道德原则，抵制诱惑，提升自己的官德修养。

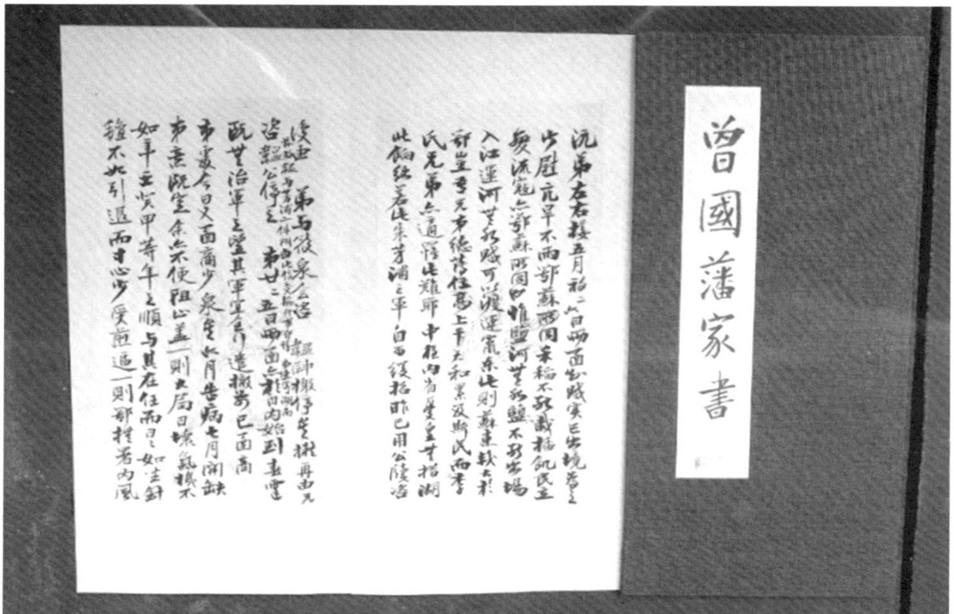

《曾国藩家书》

《曾国藩家书》是曾国藩所撰书信集，成书于19世纪中叶，收录了他自道光三十年至同治十年间二十一年间(1850—1871年)的书信近1 500封。这些信件内容广泛，涵盖其仕途经历、军事生涯以及修身齐家治国的思想，体现了曾国藩一生的重要活动和其治政、治家、治学的理念与实践。

第三章　曾国藩家训立德树人之道的思想体系

曾国藩家训立德树人之道构建了一套完整且具有深刻内涵的思想体系。在价值论层面，其秉持“内圣外王”的核心理念，并通过立志等方式不断强化这一理念，同时据此对道德境界进行细致划分，通过道德实践整合个人理想与社会责任。规范论方面，精心总结出如“勤、俭、刚、明、忠、恕、谦、浑”等具体道德准则，提出“孝致祥、勤致祥、恕致祥”等重要观点，以及“清、慎、勤”等关键修德原则，为道德实践提供了明确的行为指南。方法论上，倡导外学、内省、砺行等多种修德途径，涵盖“虚心涵泳、见贤思齐、居敬修心、读书修德”等丰富多样的方法。本章将对这一思想体系进行全面、深入地剖析，揭示各部分之间的紧密联系与相互作用，展现其在儒家思想传承与创新方面的重要意义，以及对个人道德修养和社会道德建设的积极指导价值，为深入理解曾国藩家训的核心精髓提供坚实的理论支撑。

第一节　曾国藩家训立德树人之道的价值论

一、确立“内圣外王”的核心价值理念

“内圣外王”是中国传统伦理思想中的一种理想道德人格，它强调内在需修炼至圣人般的品德，达至个人道德修养的完善；外在则需实践王道政治，实现个人价值与社会责任的有机统一。“内圣”意味着效仿古代圣贤，致力于修身养性，成就高尚品德；“外王”则意味着通过施行仁爱理念，有效管理家庭、治理国家乃至安定天下，成就道德情操与实际事功。曾国藩在承续“内圣外王”理念的过程中，强调将个人价值与社会价值、道德与政治、德性与德行、理论与实践的贯通性。他所追求的“内圣外王”境界，不仅是他个人道德修养的至高目标，也是其所倡导的道德教育核心价值取向的集中体现。

“内圣外王”的概念滥觞于《庄子》原为道家对理想人格的描述。尽管儒家在初创时期并未明确采用“内圣外王”这一表述，但孔子所倡导的“修己以敬。……修己以安人。……修己以安百姓”[①]等理念，已蕴含个人修养与社会责任之间的统一逻辑。梁启超认为，《庄子》中的“内圣外王”理念，可视为《论语》中“修己安人”思想的另一种表述形式。修炼自身至极致，即为“内圣”，“安人”的工作做到极致，即为“外王”。孔子的“克己复礼”与庄子的“内圣外王”在精神实质上有着高度相似之处。儒家经典《大学》所提出的“八条目”，是儒家践行“内圣外王”之道的具体纲领。《大学》中“格物、致知、诚意、正心、修身、齐家、治国、平天下”的论述，是对“内圣外王”理念的完整诠释。其中，“内圣”涵盖“格物、致知、诚意、正心、修身”及“明德”；“外王”则体现在“齐家、治国、平天下”的实践之中。“内圣外王”无疑是儒家传统中的核心价值追求。梁启超、冯友兰等甚至索性将儒家学说概括为“内圣外王之学”，这一概括极为贴切。当然，儒家内部各学派对于“内圣外王”的具体阐释并不完全一致。程朱学派强调“性命之理”而排斥功利，将“修身”置于至高无上的地位，视内圣为本，外王为末。在这种观念的主导下，“内圣”之学被过分推崇，“外王”之学则相对受到冷落。朱熹甚至认为“向内便是入圣贤之域，向外便是趋愚不肖之途”。

至明清交替之际，儒家学者转而倡导“内圣”与“外王”的有机统一，倡导“体用本一、显微无间”。在此背景下，曾国藩依据时势变迁，秉承儒家“内圣外王”之道的核心精髓，批判性地借鉴了历代儒者对于“内圣外王”的追求。他果断摒弃了程朱理学中片面将“外王”之道视为卑劣行径的观点，转而以“内圣”为基石，大力推行“外王”之道，由此构建了一套别具一格的道德修养理论体系。曾国藩对于“内圣外王”的理解独具慧眼。与程朱理学偏重“内圣”而忽视“外王”不同，曾国藩认为“内圣外王”是一个紧密相连、不可分割的整体，主张“内圣外王并重共进”。在他看来，内圣是根基所在，而外王则是追求的终极目标。倘若缺失了内圣这一基石，外王便如同无根之木、无源之水，变得空洞无物、难以企及。唯有通过持之以恒的道德修养，方能臻至圣贤之境，进而实现治国安邦、天下太平的外王目标。同样，若内圣脱离了外王的实践，其价值也将大打折扣，至多只能达到个人道德修养的完善，而无法实现“兼济天下”的宏愿。因此，内圣的真正意义在于实现外王的过程中得以彰显；而外王目标的圆满达成，也恰恰

① 朱熹．四书章句集注[M]．北京：中华书局，1983：159

是内圣至高境界的体现。

曾国藩将“内圣”与“外王”精妙融合，不仅实现了个人品德修养与世事治理的统一，还展现了自我价值与社会价值的协同，其强化“内圣外王”的创举极大地丰富了儒家“内圣外王”思想的内涵，拓宽了其深度与广度，既具有深远的理论价值，又具有重要的实践指导意义。尽管曾国藩所阐述的“内圣外王”观念与当代的道德教育实践并非完全一致，但其思想中的许多原则与当代道德教育的基本准则有着诸多共通之处。尤为值得称赞的是，曾国藩能够敏锐地把握时代脉搏，其思想随着时代的变迁而不断演进。他将理学与“经世致用”相结合，在“内圣”与“外王”的统一中，摒弃了消极避世的空谈，大力弘扬儒家的经世致用之学，并特别重视建功立业中的德行修养，将“齐家、治国、平天下”作为首要任务，展现出积极而务实的态度，与“空谈性理”(特指宋明理学中脱离实践的修身传统)、“轻视世功”的“内圣”之学形成了鲜明对比。在晚清“内忧外患”的复杂局势下，曾国藩的这种“内圣外王”思想顺应了当时社会救亡图存的新思潮，展现出强大的适应性和顽强的生命力。总体而言，曾国藩对儒家“内圣外王”传统思想进行了大胆而合理的扬弃，在“内圣”方面更强调“体用合一”，在“外王”方面则超越了儒家前辈，构建了一个“内圣”与“外王”结合更为紧密、更为科学的思想体系，将儒家“内圣外王”的核心价值观推向了新的理论高度，成为晚清“内圣外王”之道的杰出代表。

曾国藩秉持的“内圣外王”理念中，道德教育理念是其中的精髓所在，贯穿其个人修养与治世实践。曾国藩不仅致力于个人的道德修养，力求达到圣贤之境，更对子弟的道德教育更加重视。他常援引《孟子》中的“修身齐家治国平天下”之意，尤其是“修其身而天下平”之语，强调在众多的孔孟之道中，加强官德、以德行治国平天下是最为根本的。这一理念，构成了曾国藩官德修养的基石。他曾言：“人苟能自立志，则圣贤豪杰，何事不可为？”他所忧虑的，从不是个人的荣辱浮沉，而是国家的兴衰、民族的未来，诸如民风顽劣、外族侵扰、奸佞当权、贤良受屈等，这些国家大事时刻萦绕在他的心头。对于那些只图私利、不顾大局之人，他视之为“小人”，而自己则立志为民众谋福祉，实现“内圣外王”的崇高理想。为此，1838 年，他毅然将自己的名字从“子城”改为“国藩”，取《诗经》“价人维藩”之意，寄托护国之志。在给挚友的书信中，他频频表达了自己坚守“内圣外王”之道、“修身齐家”以报国的坚定信念。在京城任职期间，他严格遵循“清廉、谨慎、勤勉”的原则，不断磨砺自己的品性与人格，力求达到超凡入圣的精神境界。同时,他以身作则,推广“己欲立而立人,己欲达而达人”的仁爱之道,将内圣的精神转化为治国平天下的实际行动,从而逐步实现“内圣外王”的最高政治追求和核心价值追求。

二、强化“内圣外王”的核心价值理念

道德践履需从修身做起,而修身的基础则在于树立志向。唯有志向远大,方能构建内圣外王的核心价值观体系。曾国藩深受儒家思想的影响,认为圣贤与凡人的区别,不仅在于是否有志向,更在于志向是否远大。对于道德践履而言,若要实践儒家“修身、齐家、治国、平天下”的道德理想,首要的是立下“坚卓之志”。正如张载所言,为天地立心,为百姓立命,为往圣继绝学,为万世开太平。立“坚卓之志”不仅是确立内圣外王价值导向的起点和核心,也是道德践履的终极目标和最终归宿。在曾国藩看来,立志正是形成“内圣外王”道德理想的先决条件。他认为,人的气质虽然是天成的,但却是可以变换的,寻求变换的方法,首要的就在于树立坚定的志向。他尤其赞赏王阳明的名言:“夫学莫先于立志,志之不立,犹不种其根,而徒事培拥灌溉,劳苦无成矣。”曾国藩在反躬自身的过程中,深切体会到立志的重要性,他认识到,就像草木没有根就容易被拔起一样,人如果没有志向,“内圣外王”就只能是一句空话。因此,曾国藩对立志的作用和意义给予了极高的重视,甚至将其比作能够脱胎换骨的“金丹”,“古称‘金丹换骨’,余谓立志即丹也。”[①]他认为,“人苟能自立志,则圣贤豪杰何事不可为?”[②]。相反,如果不立志,即使与尧舜禹汤这样的圣贤共处,也无法受到他们的影响,更无法成就“内圣外王”。

曾国藩的“内圣外王”之志并非与生俱来的,而是伴随着其远大理想的逐步成型而日渐清晰,历经了由无到有、由模糊至坚定的演变,并在后天的实践中持续坚守。这一演变历程大致分为几个关键阶段:在二十岁之前,曾国藩随父苦读,但志向尚未明确。及至功名加身,他开始萌生了宏伟的抱负。而后,其志向愈发清晰具体,最终在道光二十二年(1842 年)致六弟的书信中,他系统地阐述了自己的志向,并将“民胞万物”“内圣外王”作为自己的终极追求。至此,“内圣

① 伊万·赫什,史蒂文·惠勒,曾国藩. 曾国藩最有影响的 100 封家书[M]. 北京:群言出版社,中国财政经济出版社,2004:235.

② 曾国藩 著,赵焕祯 校注. 曾国藩家书[M]. 长沙:湖南辞书出版社,2007:201.

外王"的核心价值取向在他心中牢固确立。鉴于自己立志的曲折经历，曾国藩常提醒子女：不仅要有志，而且要有恒，"有志则断不甘为下流；有恒则断无不成之事"①。在曾国藩看来，人生最重要的美德就是持之以恒，缺乏恒心的人终将一事无成。事实表明，曾国藩确立核心价值观的过程，就是不断反思自身缺乏恒心之弊的过程。这在他的日记、诗文和家书中多有体现。例如，道光二十二年十月七日（1842 年 11 月 9 日），他在日记中自我反省："余病根在无恒，今日立条，明日仍散慢，无常规可循，将来众人必不能信，作事必不成，戒之！"②。在家书中，他也经常自责因缺乏恒心而导致德行与事业无所成就，并告诫子弟要想有所作为，必须从"恒心"二字做起。他还特地撰写了《有恒箴》一文，批评自己缺乏恒心的缺点，深感"无恒是吾身之大耻"③，并发誓一定要持之以恒，永不违背。后来，曾国藩确实履行了自己的誓言，对内圣外王的核心价值追求基本做到了坚持不懈。他曾总结说："四十六岁以前作事无恒，近五年深为戒，现在大小事均尚有恒"④。通过不断反省自己缺乏恒心的问题，他对内圣外王的核心价值观更加坚信不疑、坚定不移，使之成为自己为官从政的终身价值追求。

三、践行"内圣外王"的核心价值理念

道德境界的差异性不仅存在于不同的社会阶层之间，即便是在同一社会阶层内，个体间的道德境界也是千差万别。早在春秋时期，孔子就根据小人、君子、仁人、圣人这四个类别，将道德境界从低到高划分为四个层次。其中，"君子重义轻利"，而小人则相反；仁人则致力于"修己以安人"；至于圣人，他们如同古代的尧、舜、禹，代表着道德修养的极致，可以达到"博施于民而能济众"的境界。于是，圣人便成了儒家推崇的最高价值符号，同时也是道德境界的至高无上层次，充分展现了儒家"追求至善"的信念。曾国藩也以"内圣外王"的价值取向及其实现程度为依据，对道德境界进行了划分，将其划分为圣人、君子、小人三个层次。在曾国藩的道德境界划分中，圣人是拥有完美道德的人，是内圣外王价值取向的终极体现，他们达到了与天地同辉的最高道德境界。因此，在道德修

---

① 曾国藩 著，唐浩明 编. 曾国藩全集・家书[M]. 长沙：岳麓书社，1985－1994.

② 曾国藩 著，唐浩明 编. 曾国藩全集・日记[M]. 长沙：岳麓书社，1985：117.

③ 伊万・赫什，史蒂文・惠勒，曾国藩 著，唐浩明 编. 曾国藩最有影响的 100 封家书[M]. 北京：群言出版社，中国财政经济出版社，2004：63.

④ 曾国藩 著，唐浩明 编. 曾国藩全集・家书[M]. 长沙：岳麓书社，2012：82.

养的过程中，曾国藩将圣人视为自己人生志向的终极追求，并一生都在为此不懈努力，他甚至发出了“不为圣贤，便为禽兽”[①]的豪言壮语。此外，曾国藩的境界论还区分了君子与小人的差别。在他看来，君子是具备美德但尚未达到完美境界的人，他们一直在追求“内圣外王”的价值理想，但尚未完全实现，可以说他们已经一定程度上达到了相对完美的道德境界；而小人则是道德沦丧、无视“内圣外王”价值取向的人，他们与这一崇高理想背道而驰。

曾国藩对于君子道德境界的阐述相当详尽，且经常通过对比小人的行为来加以说明。“同一日也，朝而公正，则为君子；夕而私利，则为小人。同一事也，初念公正，则为君子；转念私利，则为小人”[②]此外，他还将“慎独”视为区分君子与小人的之别的重要特征。他在《君子慎独论》中指出：“幽独之中，情伪斯出，所谓欺也。独知之地，慎之又慎。此圣经之要领，而后贤所切究者也。……小人以其为独而生一念之妄，积妄生肆，而欺人之事成。”[③]曾国藩还进一步指出，君子与小人的另一显著区别在于他们是否拥有广博的知识和崇高的思想道德境界，君子“广其识，则天下之大，弃若敝履，尧舜之业，视若浮云。宏其度，则行有不得，仅求诸己。”[④]君子之所以能够超凡脱俗，正是因为他们的才识与器度异于常人。无论身处富贵还是贫贱，他们都能泰然处之；面临大忧大辱，亦能不易其常，这便是所谓的气度。此外，曾国藩还认为，与小人追求完美无缺不同，君子应当学会接受自身的缺陷。他在家书中写道：“日中则昃，月盈则亏，天有孤虚，地阙东南，未有常全而不缺者，……悔者，所以守其缺而不敢求全也。小人则时时求全；全者皆得，而吝与凶随之矣，……故兄但求缺陷”[⑤]。他的《求阙斋日记》正是他不断反省自身缺陷、追求君子道德境界的生动写照。

然而，曾国藩最为推崇的还是“明理君子”的理念。在曾国藩看来，明理君子实质上就是明“礼”之人，他认为“古之君子修身、齐家、治国、平天下，则一秉乎礼。自内焉者言之，舍礼无所谓道德，自外研焉者言之，舍礼无所谓政事。……先王之道，所谓修己治人，经纬万世者，何归者？以曰礼而已矣。”[⑥]显然，曾

① 曾国藩 著，唐浩明 编. 曾国藩全集·诗文[M]. 长沙：岳麓书社，1986：112.
② 曾国藩 著，唐浩明 编. 曾国藩全集·诗文[M]. 长沙：岳麓书社，1986：379.
③ 曾国藩 著，唐浩明 编. 曾国藩全集·诗文[M]. 长沙：岳麓书社，1986：181.
④ 曾国藩 著，唐浩明 编. 曾国藩全集·诗文[M]. 长沙：岳麓书社，1986：207.
⑤ 曾国藩 著，唐浩明 编. 曾国藩全集·家书[M]. 长沙：岳麓书社，1985：78.
⑥ 曾国藩 著，唐浩明 编. 曾国藩全集·诗文[M]. 长沙：岳麓书社，1986：358.

国藩心目中的明理(礼)君子,需恪守封建社会的道德规范,同时遵循三纲五常的儒家礼法。他主张,成为"明理(礼)君子",远胜于担任高官。欲为官者,必先修炼成为明理(礼)君子。这与孔孟、朱子、颜氏等儒家先贤所倡导的读书做官之道,有着很大的差异。从曾国藩的家书、诗文、日记中不难发现,他常以明理(礼)君子之标准与子弟共勉,并自谦自己尚未达到君子之境。当然,追求圣贤之境,始终是曾国藩道德追求的最高目标。

儒家学者普遍认为,圣人境界代表着完美无瑕,是一种至高无上的道德理想,是普通人难以企及的高度。即便是被誉为圣人的孔子,也谦逊地回避了"圣人"的称号,在《论语·述而》中孔子谦逊地说:"若圣与仁,则吾岂敢?"[①]他甚至认为自己仅是躬行君子之道,尚未达到君子的圆满境界。对于其七十二位杰出弟子,孔子更是坦诚地说:"圣人吾不得而见之矣!得见君子者,斯可矣。"[②]因此,宋代理学家(如程朱)倡导"希圣希贤"的为学方向,鼓励人们将圣贤视为追求的理想,至于能否真正成就圣人并不关键,重要的是能否遵循"内圣外王"的核心理念,在追求圣贤的道路上不懈努力,逐步接近圣人的道德高峰。尽管最终或许无法真正成为圣人,但在这一过程中,道德境界也能得到显著提升。然而,曾国藩则坚定地主张通过实践逐步趋近圣贤之境。他不仅将儒家的内圣之学视为崇高的理想,更致力于将其转化为现实可行的目标和实践路径。

曾国藩视圣人为凡人可及之境,认为普通人凭借后天的持续修养与努力,也能够步入圣人的行列。这一理念是他综合儒家多种学说,并结合个人实践经验所得出的见解。他勇于以程朱理学为根基,强化实践维度,拓展了孟子"人皆可为尧舜"的哲学思想。在曾国藩看来,只要矢志不渝地追求"内圣外王"的道德理想,不断加强自我修养,那么"凡人无不可为圣贤"[③]。曾国藩认为,富贵功名虽有天命成分,但学做圣贤则完全取决于个人努力,不受天命左右。因此,他对通过修养达到圣人之境深信不疑,只要"立志定向,何事不可成?何人不可作?"[④]无论是将相还是豪杰,都不是天生注定,只要秉持"内圣外王"的价值观,人人皆可做到。这就如同铜铁、树木一经匠人精心雕琢,便能焕发光彩。由此推想,世间万物只要经过加倍磨砺,都能改变本质,展现新的风貌,更何况学问

---

① 朱明德.论语(外二种)[M].北京:北京出版社,2006:58.

② 同上.

③ 曾国藩.曾国藩全集·家书[M].长沙:岳麓书社,1985:220.

④ 曾国藩.曾国藩全集·家书[M].长沙:岳麓书社,1985:1066.

之道呢？只要能日新月异，百倍努力，何愁不能改变气质，超凡入圣？曾国藩甚至认为："我欲为孔孟，则日夜孜孜，惟孔孟之是学，人谁得而御我哉？"[①]曾国藩虽自称不肖，但仍渴望追随尧、舜、禹、汤、文、武、周公等古代圣人的脚步。

纵观曾国藩的一生，他虽然身居高位，但从未将做大官视为追求，而是致力于实现"内圣外王"的核心理念，修养身心，终生不渝。他基本上践行了自己所倡导的价值观，治学不图富贵，读书不慕官位，修德不求名利，极力追求"存天理，灭人欲"的超凡境界。梁启超在分析曾国藩成功的原因时，也指出其关键在于"自拔于流俗"，始终坚持"内圣外王"的核心理念，并不断努力实现。梁启超认为，在同时代的贤杰中，曾国藩最为纯朴实在，所经历的困难和挫折也最多。然而，他却能够"立德、立功、立言"，成就"三不朽"，其成就震古烁今，梁启超基于晚清背景说他"无人能及"。他之所以成功，就在于"立志自拔于流俗"，勇于面对困难，知难而进，勤勉不懈，刚贞恒诚，勇猛精进。

第二节　曾国藩家训立德树人之道的规范体系

一、勤、俭、刚、明、忠、恕、谦、浑

儒家所推崇的"八德"，涵盖了"忠、孝、节、义、礼、智、廉、耻"八个方面。曾国藩对于"八德"的理解，既深深植根于儒家思想的沃土，又融入了他个人洞察与独到见解。他构建的"八德"体系，是历经岁月磨砺而逐渐完善起来的。咸丰十年，曾国藩初步总结了古人的修身之道，即所谓"勤、谦、明"三德。同治元年二月，他又进一步将"三德"扩展为"六德"，强调在"勤、俭、谨、信"的基础上，增加"忍"与"浑"二德，以此作为自我修养的准则。在日记中，曾国藩曾这样记录自己的"八德"追求："前以八德自勉，曰'勤俭刚明孝信谦浑'"[②]。然而，随着时间的推移，他深感将"忠"与"恕"纳入个人品德的重要性，认为"孝"更适合作为家庭美德的组成部分，以"忠"统摄"信"，以"恕"补充人际维度。这一变化，无疑体现了他对忠君思想的认同与重视。最终，曾国藩将原"八德"中的"孝、信"替

① 曾国藩. 曾国藩全集・家书[M]. 长沙：岳麓书社，1985：264.
② 曾国藩. 曾国藩全集・日记[M]. 长沙：岳麓书社，1985：1011.

换为“忠、恕”，形成了自己独具特色的“八德”体系：“余近年默省之勤、俭、刚、明、忠、恕、谦、浑八德，曾为泽儿言之，宜转告与鸿儿”[①]。这一概括，既体现了曾国藩的深思熟虑，又彰显了他的智慧与远见。曾国藩将做人准则精炼为这“八德”，不仅作为自我勉励的标尺，也作为教育后人的品德规范。这一体系不仅丰富了官德修养的内涵，更增强了其实用性和可操作性，具有强大的激励作用和持久的生命力。

在曾国藩所尊崇的八德之中，“勤”被置于首位，凸显其重要性。在曾国藩的家书、日记及诗文中，谈及“勤”字之处约两百次，从多个维度深入剖析了“勤”的重要性与必要性。在个人品德修养方面，曾国藩认为“勤”是衡量个人道德的首要标准，是为人处世之根本。“劳则善心生，逸则淫心生”[②]。因此，“勤”被视为人生首要之务。他告诫子孙，古往今来，庸人皆因懒惰而败。尤为值得一提的是，在曾国藩的临终遗嘱“习劳则神钦”中，他从多方面深刻阐述了“习劳”（实践磨砺）的重要性，将“勤”字的重要性提升到了新的高度，指出为个人计，应勤学技艺，锻炼体魄，知难而进，勤勉不息，方能增长智慧与才干。……凡具备一技之长、能忍苦耐劳者，无不受到重用，赢得赞誉。而那些无能懒惰之人，“往往难获重用”。因此，勤劳则长寿，安逸则早夭；勤劳则有才可用，安逸则无能被弃；勤劳则惠及百姓，受神灵敬仰；安逸则于人无益，神鬼不佑。“故而，君子欲得人神庇佑，莫过于习劳也。”

“俭”，即意味着生活节俭，不追求奢华。曾国藩对于节俭的论述颇为详尽，他认为安身立命在于行俭。在曾国藩所倡导的“八德”之中，“俭”占据着非常重要的位置。他在家训中详细阐述了节俭之德所能带来的诸多裨益：“……凡世家子弟衣食起居，无一不与寒士同，庶可以成大器，若沾染富贵气习，则难望有成。”[③]在曾国藩看来，治家之道，唯有秉持节俭方能持久，尤其在乱世之中，戒奢以俭更是维系家道不衰的不二法则。基于此，曾国藩不仅自身力行节俭，生活朴素，还时常谆谆告诫子弟：对于官宦世家而言，由俭朴转向奢侈容易，但从奢侈回归俭朴却难上加难。因此，在日常生活中务必注重节约，秉持节俭不奢的生活习惯，如此方能确保家业长盛不衰。同样，唯有保持节俭不奢，才能确保为

---

① 曾国藩. 国藩家书：最新校译本[M]. 北京：中央民族大学出版社，2018.

② 曾国藩. 曾国藩全集・日记1[M]. 长沙：岳麓书社，1987：1011.

③ 曾国藩. 曾国藩全集・家书（第20册）[M]. 长沙：岳麓书社，1985：837.

官清廉正直。

“刚”，意味着“刚强不屈”与“个性坚毅”。在曾国藩看来，“古来英杰，非有一种刚强之气，万不能成大事业也。”[①]在家书中，他反复强调，自古至今，真正的豪杰都将‘经不起风雨考验’视为大忌，若要自立自强，就必须具备刚强的品质。他亲述个人经历，即便多次遭遇挫折，也总是能够“咬定牙根，徐图自强”[②]。在家训中，他更是多次阐明了“刚强”的重要性，认为刚强二字是成就事业的关键，无论是建立功勋还是著书立说，都必须贯穿这一精神，否则终将一事无成。同时，他也明确指出，刚强并不等同于刚愎自用。强毅之气固然重要，但强毅与刚愎自用有着本质的区别。真正的强大在于战胜自己，因此，我们应当在自我挑战中展现刚强，而不是在与他人的较量中逞强。

“明”一词，内涵“高明”与“精明”两重含义。在曾国藩看来，“临事以明字为第一要义。”[③]在《书赠仲弟六则・明》一文中，曾国藩对“明”以及“高明”、“精明”等概念进行了深入的剖析，认为品德修养的首要条件是智慧，而智慧正是‘明’的体现。自古以来，豪杰之士常被赞誉为英雄，而‘英’包含‘明’的维度。因此，明有两种表现：一种是常人只能看到眼前的事物，而能人却能洞察其深远之处，这便是高明；另一种是常人只能看到事物的粗略表面，而能人却能观察到其细微之处，这便是精明。“高明者，比如室中所见有限，登楼则所见远矣，登山则所见更远矣。精明者，比如至微之物，以显微镜照之，则加大一倍、十倍、百倍矣。”[④]那么，我们如何才能达到“明”的境界呢？曾国藩认为，“明”的精髓在于一个“勤”字。必须勤奋地面对问题，进行细致的考证和研究，多看、多做、多问、多想，只有这样，我们才能积累智慧，达到“明”的境界。

“忠”既包含了对君主的忠诚，也蕴含了“忠信”的原则。曾国藩将“忠”解释为对君主的竭诚尽节，他认为为官之道的核心在于“忠义”二字，铭记君主的恩德，是忠诚的表现；对朋友坚守诺言，则是义气的体现。对君主的忠诚不仅要求在心中时刻挂念君主与朝廷，更要在处理公务时敢于直言，绝不能置身事外、漠不关心。例如，曾国藩曾不无严肃地教诫曾国荃：“公事知而不言，坐视成败，自

① 曾国藩. 曾国藩全集(第8卷)[M]. 长沙：岳麓书社，1994：5688.

② 曾国藩. 曾国藩家书[M]. 北京：中央民族大学出版社，2018：1405.

③ 曾国藩. 曾文正公全集・书札(卷七)[M]. 北京：线装书局，2014：13(据光绪二年传忠书局刻本整理).

④ 曾国藩. 曾国藩全集・诗文[M]卷. 长沙：岳麓书社，2011：434.

非所宜”①。此外，曾国藩也将“忠”理解为忠诚守信。在给李鸿章的书信中，他写道：“信，只不说假话耳，然却极难，吾辈当从此一字下手。今日说定之话，明日勿因小利害而变”。② 在《致澄弟温弟沅弟季弟》的信中，他更进一步地阐释了信的意涵，认为不贪恋财物，不失信于人，不自以为是，具备这三点品质的人，自然能够赢得鬼神的敬畏和人们的尊重③。并且向他们提出了“三忌”的告诫，其中之一就是“不失信”。

“恕”意指将心比心、宽容待人、与人为善。曾国藩将“恕”纳入“八德家训”，这既是他个人深刻体悟的结果，也是深受孔子思想影响的结果。《论语》载，子贡曾向孔子请教是否有一言而可以终身奉行？孔子回答说：“其恕乎！己所不欲，勿施于人。吾道一以贯之。”④曾国藩深知人际交往的复杂性，对“恕”道有着独到的体悟。曾国藩认为，《中庸》第十二章以及《论语》中孔子对子贡、仲弓的教诲，都是围绕“恕”展开。曾国藩认为，“恕”道是追求仁德最直接的途径，认为“善莫大于恕，德莫凶于妒”，因此也是其一生的道德准则。

“谦”的美德深深植根于中华民族的传统之中。曾国藩将“谦”作为“八德”的重要组成部分。曾国藩将“谦”与“敬”并列为修身核心，认为“谦”是内在态度，“敬”是外在表现。在他看来，“谦”是与“傲”相对的，通过保持谦逊可以警醒自己远离傲慢。曾国藩认为“傲”是一种招致祸患的恶德，往往是家族和个人衰败的根源。曾国藩将“谦”视为个人德行修炼的重要内容，认为“貌恭则不招人之侮，心虚则可受人之益。”⑤因此，他常教导子弟在面对功名利禄时应懂得谦让，在人际交往中应保持谦逊的态度，为此，言谈举止、面部表情、语气语调都应流露出谦恭与谨慎，“凡畏人不敢妄议论者，谦谨者也；凡好讥评人短者，骄傲者也。”⑥曾国藩认为，对于出身官宦家庭的子弟来说，更应懂得以谦和的态度对待他人，切勿仗势欺人。因此，曾国藩常告诫家中诸子弟，凡事务必小心谨慎，时刻以“谦”和“敬”二字为行为准则。

“浑”一词，原本常用来形容混沌不清或糊涂无知的状态。曾国藩将其纳入

---

① 曾国藩. 曾国藩全集·书信(第十册)卷[M]. 长沙：岳麓书社，2011：35.
② 曾国藩. 曾国藩全集·家书 2[M]. 长沙：岳麓书社，1985：763.
③ 曾国藩. 曾国藩全集·家书 1[M]. 长沙：岳麓书社，1985：119.
④ 孔子. 论语集释[M]. 北京：北京出版社，2006：127.
⑤ 曾国藩. 曾文正公书札(卷二十一)[M]. 长沙：传忠书局，1876：23.
⑥ 曾国藩. 曾国藩全集·家书(第三册)[M]. 长沙：岳麓书社，2011：608.

个人道德准则之中，并赋予其新的内涵。曾国藩认为“浑”是一种处世哲学，意味着“浑含”、圆融，是一种深藏不露、内敛含蓄的处世智慧。但曾国藩所倡导的“浑”并非指不明事理或糊涂，而是指“浑”如玉。在曾国藩看来，过于张扬往往容易招致祸端，他在给友人的信中坦言：“谚语‘察见渊中鱼者不详’，愿阁下为璞玉之浑含，不为水晶之光明，则有以自全而亦不失己。”①他以此为喻，告诫友人水至清则无鱼，人至察则无徒，应做深藏于石头中的浑含美玉，而非过于耀眼的水晶。曾国藩还从天道的角度告诫子弟如果总是显得过于精明而无法“浑含”，将违背天道，难以长久。显然，曾国藩的“浑”是一种巧妙的待人处事之道。“浑”并非混沌不清，而是圆融通达；并非糊涂无知，而是明智睿智。

二、孝致祥、勤致祥、恕致祥

曾国藩认为，孝乃构建“孝友之家”不可或缺的品德，“孝致祥”意指唯有践行孝道，家庭方可获得祥瑞与吉庆。勤劳是实现家庭富裕的重要美德，“勤致祥”意味着只有通过不懈努力，家庭才能获得吉祥与繁荣。“恕”是维持家庭和谐的基础，“恕致祥”就是指唯有心怀恕道，家庭才能获得和谐与安宁。因此，他强调“三致祥”（孝、勤、恕）之道，既是振兴家族、和谐家庭的方法，也是齐家治家的道德原则，更是其家训思想的核心。

一是“孝致祥”。曾国藩虽未将“孝”列入“八德”，但将其视为伦理核心，强调“孝友之家可久”“不孝致祸”，继承了儒家“百善孝为先”思想。曾国藩在家书中说，“吾父竹亭公之教人，则专重‘孝’字；其少壮敬亲，暮年爱亲，出于至诚，故吾撰墓铭仅叙一事。”②曾国藩继承儒家“百善孝为先”思想，强调“孝友之家可绵延十代”，并以对比方式阐释“孝悌”对家庭兴衰的影响。他要求子女“行事有章法，使亲族信赖”，认为“悦亲之道”在于让父母欢心，并身体力行践行孝道。他高度赞赏康熙的《庭训格言》，并将其融入“八本”之中，提出“事亲以欢心为本”。他认为，真正的孝顺是子女行为得体、做事有条理，通过行为得体使亲族信赖、乡党敬佩，进而令父母欣慰。在生活实践中，曾国藩更是以身作则，无论是在京城为官还是征战沙场，都恪守丁忧制度，严格践行士大夫孝道准则。尽管俸禄有限，他仍凑足千两银子寄回家中，并用其中一部分资助贫困亲戚，以承长辈欢

---

① 曾国藩 著；唐浩明 编. 曾国藩日记. 长沙：岳麓书社，2015：1011.

② 曾国藩. 曾国藩全集·家书[M]. 长沙：岳麓书社，1985：659.

心。为了尽孝，他甚至婉拒了咸丰帝任命他为湖北巡抚的旨意。在给诸弟的信中，曾国藩解释道，“母丧未除，断不敢受官职。若一经受职，则二年来之苦心孤诣，似全为博取高官美职，何对吾母地下？何以对宗族乡党？方寸之地，何以自安？”[①]。从这一点来看，曾国藩的确是一个贤孝子贤孙。他不仅将“孝致祥”体现在说理上，更在行动上身体力行。

二是“勤致祥”。“勤”在曾国藩的修德学说体系中占有重要地位，他不仅将“勤”列为“八德”之一，还在其“三致祥”的理论中提出了“勤致祥”的观点，这表明曾国藩深刻认识到“勤”对于个人道德修养和家族兴旺的重要性。曾国藩认为，“勤”不仅是个人应遵循的道德规范，更是家族所必需的美德。他常常从如何持家、兴家的角度出发，来深入阐述“勤”德的重要性。他认为，“一家之中勤则兴，懒则败，一定之理”[②]。正因如此，曾国藩即便身处军政的繁忙之中，也仍不忘通过家书向子弟们传授治家之道，特别是强调“勤”的重要性。他要求家中子弟将“勤、敬”二字作为家庭行为准则，认为只要家中子弟能够勤勉做事、恭敬待人，家庭就能保持家族的长久兴盛。

三是“恕致祥”。曾国藩认为，“恕”不仅是个人应遵循的道德准则，同时也是确保家庭和谐与兴旺的传统美德。他将“恕”与“勤”并列，表明出“恕”在他心中的重要地位。他不仅将“恕”列入“八德”条目，还从家庭美德的角度出发，提出了“恕致祥”的观点，认为家庭和睦则福气自生。他认为，家庭中“和”字能守得几分，家庭就会兴旺几分；不和，则必衰。而要达到家庭和睦，家庭成员之间就必须讲求“恕”道，只有相互“恕”忍才能带来家庭祥和、社会和谐。在曾国藩看来，“大抵接人处事，见得他人不是时，最是“怒”字难制。须从“恕”字痛下功夫，设身以处，则意气自平。”[③]因此，他反复告诫自己和子弟，要痛下功夫实践“恕”道。他还告诫子弟，在顺境中要预想他日也可能有逆境之时，在盛气凌人时要预想他日别人也可能盛气凌己或凌己之子孙，因此要常以“恕”字自惕，常留余地待人。他不仅要求子弟待他人以宽厚、宽容，更要求时刻在曾氏家庭内部讲求“恕”道，兄弟姐妹之间都不能有半点不和之气。例如，当曾国藩得知妯娌之间因相互抱怨而产生了不和，他就立即写信，“尤望诸弟修身型妻，力变此

---

① 曾国藩. 曾国藩全集・家书[M]. 长沙：岳麓书社，2011：225.

② 曾国藩. 曾国藩全集・家书(第二册)[M]. 长沙：岳麓书社，2011：324.

③ 曾国藩. 曾国藩全集・书信[M]. 长沙：岳麓书社，1985：727.

风。若非诸弟痛责己躬，则内之气象必不改，而乖戾之致咎不远矣。望诸弟熟读《训俗遗规》《教女遗规》，以责己躬，教妻子。”①

三、以“清”(廉俭)为先、以“慎”(谦)抑骄、以“勤”(劳)为本

在道德修养的规范论层面，曾国藩所倡导的修德“三准则”——“清、慎、勤”，无疑是尤为突出的，后世对其“清、慎、勤”三准则的概括性总结为“三鉴”。“清”意味着淡泊名利，行事一丝不苟，以致“鬼伏神钦”②。“慎”则是要时刻保持谨慎，行有不得时要反躬自省；而“勤”则是要手眼并用，不辞劳苦，在困境中勉励自己，对曾国藩而言“此十二语者，吾当守之终身，遇大忧患，大拂逆之时，庶几免于尤悔耳。”③在任两江总督时，曾国藩亲笔书写“清、慎、勤”三字匾额悬挂在总督府上，以此激励自己和同僚们共同坚守这些原则。为了让此“三鉴”融入家训之中，曾国藩在给弟弟的书信中，又提出了“廉、谦、劳”三字作为替代，并解释说：“自概之道云何？亦不外清、慎、勤三字而已。吾近将清字改为廉字，慎字改为谦字，勤字改为劳字，尤为明浅，确有可下手之处。……故将劳、谦、廉三字时时自惕，亦愿两贤弟之用以自惕，且即以自概耳”。纵观曾国藩修德砺行之一生实践，其精髓之处，无外乎“清(廉俭)、慎(谦)、勤(劳)”三字尔。

以“清”(廉俭)为先。“清”在“三鉴”中被置于首位，曾国藩将其视为应追求的最高道德标准。在曾国藩看来，“清”不仅是个人安身立命之所需，更是从政为官之根本以及忠君爱国、贤臣良佐之准则。为此，他多次告诫官员：“清字为首……不贪财、不苟取，则吏不能欺。”④，否则，一旦有失清廉，即便仕途顺畅、家族兴盛，也离“盛极而衰”不远矣。同治二年八月初五(1863 年 9 月 17 日)，曾国藩在致弟弟曾国荃的信中告诫他说：“生日在即，万不可宴客称庆，在任时谋送礼者，余已力辞之，弟在营亦宜婉辞严却之。家口大盛，常存日慎一日而恐其不终之念，或可自保。否则颠蹶之速，有非意计所能及者。”⑤可见，在曾国藩看来，“廉”(即“清”的家训化表述)不仅关乎官员个人品德的高低、仕途的起伏，更与家族的兴衰紧密相连。因此，他始终将“廉”字作为自己与子弟立身处世的根

---

① 曾国藩. 曾国藩全集·家书(卷八)[M]. 长沙：岳麓书社，2011：367.
② 曾国藩. 曾国藩全集·日记[M]. 长沙：岳麓书社，2011:802.
③ 曾国藩. 曾国藩全集·日记[M]. 长沙：岳麓书社，2011:1568.
④ 曾国藩. 曾国藩全集·家书[M]. 长沙：岳麓书社，1985.
⑤ 曾国藩. 曾国藩全集·家书[M]. 长沙：岳麓书社，1986:483.

本，努力挣脱官、名、利的束缚。

此外，我们还可以从曾国藩的日记中看到，他虽未完全遵循“灭人欲”的极端理念，而是以“克己”平衡人欲与道德，始终在“力去人欲，以存天理”的道路上不懈努力。他不断反省自己是否过于计较个人得失，努力戒除贪念，对身外之物淡然处之，不为物欲所动，不为名利所累。他注重在“平、淡”二字上下功夫，主张读书不为求官、为官不求财富、修德不求回报、作文不求传世的境界，可谓做到了一生清廉。值得一提的是，张宏杰在《给曾国藩算算账：一个清代高官的收与支》一书中，通过对现存曾国藩资料的深入考证，验证了曾国藩的清廉品质和卓越的官德修养。作者稽查曾国藩所有的经济账单，发现他没有将一笔公款装入个人腰包。曾国藩曾面临的“三大难”：“京寓欠帐五百多金，欲归则无钱还帐，来往途费亦须四百金，甚难措办（一难）；不带家眷恐事务牵绊，带家眷则需更多费用且家中又无房屋（二难）；若开缺回乡，次年或难补缺，需在京闲居一年（三难）。”[①]从这些困境中不难看出，后人将曾国藩家书中的经济困境归纳为“三大难”都源于他生活的拮据。在京城为官时，朝廷发放的俸银本就有限，难以维持日常开销，甚至他的朝服都打着补丁。据传，他患有皮肤病，因囊中羞涩无力购买药物，只能依靠盐水浸泡缓解痛苦。

同僚间的红白之事频繁，他无力应对，便在翰林院的廊柱上贴出声明，拒绝那些名为婚丧嫁娶实则索贿收礼的拜帖。他自己更是坚决拒收银两，还写下文告，并且对身边之人立下规矩，若有隐瞒受贿者，必将严惩。

据《曾国藩全集》及清史档案记载，曾国藩去世后留下的遗产仅约二万两白银，这仅仅相当于他担任总督时一年的养廉银。他还留下遗嘱，丧事期间概不收礼，办完丧事后，那约二万两白银已所剩无几。真正能称得上遗产的，只有那三十余万卷藏书及藏书楼。真可谓“藏书万柜可教子，遗金半两常作灾”，这在腐败昏聩的晚清社会显得尤为难能可贵。

曾国藩身居一品大员，曾任“天下第一肥缺”的两江总督（1860—1864 年、1866—1868 年两任），却依然清贫如洗，真正践行了他“决不肯以做官发财，决不肯留银钱与后人”的誓言，这实属不易。

曾国藩养廉之道的精髓，在一个“俭”字上，“历览有国有家之兴，皆由克勤

① 曾国藩. 曾国藩全集·家书[M]. 长沙：岳麓书社，1985：21.

克俭所致。其衰也则反是"①。正因如此，曾国藩在衣、食、住、行、用等方面极为朴素。他被誉为"一品重臣"，一件青缎马褂陪伴了他三十余载，平日里珍藏不露，仅在节庆之时才舍得穿戴。他去世时，这件马褂仍崭新如初。日常穿着，皆是夫人与子女亲手织就的粗布衣物。他常在家书中训诫子女："吾忝为将相，而所有衣服不值三百金。愿尔等常守此俭朴之风，亦惜福之道也。"②

饮食上，他以蔬菜为主食，被时人戏称为"一品素食宰相"。据野史记载，有一次，扬州的盐商设宴招待曾国藩，山珍海味很多，曾国藩却只吃自己面前的菜，盐商还以为总督大人嫌菜不够丰盛。曾国藩酒席结束后对人说，"一食千金，吾口不忍食，目不忍睹。"③

在居住方面，曾国藩常痛斥起屋买田为贪官之恶习，因此一生未添置房产田地。同治五年(1866 年)，曾国藩因九弟翻修湖南祖宅"富厚堂"而心生不满，严厉批评其"奢靡无度"。后因家中人口增长，曾国荃虽仅花费千余串钱建造新居，但他仍写信责备九弟，并誓言此生绝不入住。

出行时，他常以步代轿，并告诫子弟："四轿一事，家中坐者太多，闻纪泽亦坐四轿，此断不可。……后辈子侄，总宜教之以礼。出门宜常走路，不可动用车马，长其骄惰之气。一次姑息，二次、三次姑息，以后娇惯难改，不可不慎。"④曾国藩深知，骄奢之风一旦养成，便难以改正，必须时刻警惕。

在日用上，家中简陋至极，仅有一张木榻、两张竹床、两个竹枕及少量衣物。综上足见，曾国藩在衣食住行用各方面均严格遵循儒家俭德标准，正如他在家信中总结道的："余服官二十年，不敢沾染官宦习气，饮食起居，尚守寒素家风，极俭也可，略丰也可，太丰则吾不敢也"⑤。曾国藩以俭养廉，廉洁自律与俭朴生活形成道德互构，促进了良性循环。

以"慎"治骄。"慎"字构成了曾国藩道德修养和为人处世的另一条重要准则。曾国藩虽将"勤"字视为齐家治国的首要原则，但在"清慎勤"这一道德修养"三字准则"中，他却特别强调"慎"字的重要性，这也说明"慎"字鉴在曾国藩心目中的作用。曾国藩之所以重视"慎"，与他自己在人生和官场中的体悟磨炼分

① 曾国藩. 曾国藩全集·家书[M]. 长沙：岳麓书社，1985：21.
② 曾国藩. 曾国藩全集·家书[M]. 长沙：岳麓书社，1985：837.
③ 曾国藩. 曾国藩全集·日记[M]. 长沙：岳麓书社，1987：939.
④ 曾国藩. 曾国藩全集·家书[M]. 长沙：岳麓书社，1986：1038.
⑤ 曾国藩. 曾国藩全集·家书[M]. 长沙：岳麓书社，1985：324.

不开的。曾国藩初入京城为官时，因年轻气盛，处事失当与多位位高权重的同僚结怨；到了咸丰年间，他奉旨督办湖南团练，动辄训斥别人，不慎与巡抚等人结下仇隙；咸丰五年至咸丰六年(1855—1856年)，战乱频发，他又因不慎与江西地方官员产生矛盾，结果屡遭唾骂与排挤。这些经历，他在家书中多有提及并有深刻反省："余庚戌、辛亥间为京师权贵所唾骂，癸丑、甲寅为长沙所唾骂，乙卯、丙辰为江西所唾骂。"①就连他的挚友左宗棠，也时常与他意见相左，矛盾不断。他对此深感困惑，直到咸丰八年(1858年)，他在家守制一年多，才有时间和机会静下心来深入反省，逐渐认识到自己的问题："近岁在外，恶人以白眼藐视京官，又因本性倔强，渐近于愎，不知不觉做出许多不恕之事，说出许多不恕之话，至今愧耻无已。"②通过深刻的反省和教训的总结，他领悟到"慎"字鉴能够治愈骄纵之心，从而有助于预防在官场中产生不必要的矛盾。

因此，曾国藩特别注重"慎"字方面的道德修养，突出表现为以下几个方面关于"慎"的原则：一是，慎言。他时常反省自己多言的弊端，深切认识到"长傲、多言"是历代卿大夫个人兴衰乃至招致祸端的重要原因，因此他常以此为警醒。二是，慎行。曾国藩办事极为谨慎，还反复教导子弟要慎行，常在家书中强调谦谨可积累福泽，告诫子弟不可骄傲放纵。三是，慎交。曾国藩一生交友广泛，但都是志同道合的挚友。曾国藩认为，"择友乃人生第一要义，……一生之成败，皆关乎朋友之贤否，不可不慎也，慎交则访求贤者，明奉为友、暗师法之……借以检束身也、扩充识界，受益无穷。……多求良友，以扩充其识而激发其志"③。他谨慎交友，以贤者为榜样，学习他们的优点，以此约束自己、扩充见识。

曾国藩在一生为官尤为重"勤"(劳)。在曾国藩看来，"勤"不仅是家庭美德，也是立德树人的重要道德准则。他还将"勤"从个人修养层面延伸至治国理政的高度，提出了勤政的理念，并视之为为官的首要道德准则。"勤字为人生第一要义。无论居家、居官、行军，皆以勤字为本。"④曾国藩在《习劳则神钦》一文中深入阐释了"勤"的内涵与价值。他从养生之道出发，提出"勤则寿、逸则夭"，强调"勤"是立身处世的根本。他将"勤"与家庭、社会的兴衰紧密联系起来，提出了"勤则兴、逸则败"，将"勤"提升到了"齐家、治国、平天下"的高度。他还以

① 曾国藩. 曾国藩全集·家书[M]. 长沙：岳麓书社，1985：1308.
② 唐浩明. 唐浩明评点曾国藩家书[M]. 长沙：岳麓书社，2002：215.
③ 曾国藩. 曾国藩全集·家书[M]. 长沙：岳麓书社，1985：1399.
④ 曾国藩. 曾国藩全集[M]. 长沙：岳麓书社，1985.

大禹、墨子等人的事迹为例，说明圣贤之所以成就圣贤之业，离不开一个“勤”字。在自身道德修养方面，曾国藩时刻自省，力求达到“勤”的标准。

他以古圣先贤鞠躬尽瘁之精神为榜样，对自己提出“一息尚存，断不敢稍有安逸”①的要求。他身体力行，践行了自己在《劝诫委员四条》中提炼的“五勤”要义，即身勤、眼勤、手勤、口勤、心勤。据黎庶昌《曾文正公年谱》记载，曾国藩诚如自己所言，做到了“五勤尽备，乃能克尽厥职”②。曾国藩数十年如一日，勤勉不息。黎明即起，巡查营垒、阅操练；日中处理文卷、接见幕僚；其余时间则埋头读书，从不让自己有片刻的闲暇。据《曾文正公奏议》卷二十三载，同治七年十一月（1868 年 12 月）至同治九年五月（1870 年 6 月）。在直隶总督任上，曾国藩仅用十九个月时间就审结了 39 487 起案件，其中新案 27 532 件，积案 11 955 件，不仅速度快，而且效果好。晚年，尽管右目失明，他依然坚持亲自阅批公文、写日记，直至病故前一天。更为难能可贵的是，曾国藩勤而不炫、劳而不求功名。他多次在家书中告诫子弟，要在积劳上着力，不必心念成名享福之事。综上所述，曾国藩的道德实践体系内容博大精深，值得深入研究。其道德实践体系涉及“八本家训”“清、慎、勤”等一系列道德准则，形成了一套完整的思想体系。

第三节　曾国藩家训立德树人之道的方法论

一、外学以修德

虚心涵泳。曾国藩一生好学，他涵泳群书，将其作为提升道德修养的重要途径。面对浩如烟海的文化典籍，曾国藩通过深入研读“本根之书”，即以经史为基，程朱理学为要，从而成为中国近代传统文化领域的卓越集大成者。尤为难能可贵的是，曾国藩深谙“虚心涵泳、切己体察”之道，并将其运用在了道德修养上。在向儿子纪泽传授“涵泳”之道时说：“涵泳二字，最不易识，余尝意测之。曰：涵者，如春雨之润花，如清渠之溉稻。雨之润花，过小则难透，过大则离披，

---

① 曾国藩. 曾国藩全集·奏稿[M]. 长沙：岳麓书社，1986：713.

② 曾国藩. 曾国藩全集·年谱[M]. 长沙：岳麓书社，1986：439.

适中则涵濡而滋液；清渠之溉稻，过小则枯槁，过多则伤涝，适中则涵养而浡兴。泳者，如鱼之游水。程子谓鱼跃于渊，活泼泼地，此鱼水之快也。善读书者，须视书如水，而视此心如花、如稻、如鱼、如濯足，则涵泳二字，庶可得之于意言之表。"[①]虚心涵泳是曾国藩从实践中总结出的宝贵经验，他读书时总是以虚心涵泳的态度，谦逊地接受圣贤书的滋养和熏陶，达到"涵养而勃发"的境界。事实证明，虚心涵泳是曾国藩在道德修养上取得成功的关键方法之一。在曾国藩看来，读圣贤书若能领悟"涵泳"的意境，便能以愉悦轻松的心态享受圣贤的教诲，自然而然地将圣贤的教诲转化为自己的思想，并付诸到实践之中，从而不断获得成长。

见贤思齐。"见贤思齐，见不贤而内自省也"作为传统文化中道德修养的又一重要方法，同样被曾国藩所推崇。曾国藩认为，无论是做人、做官还是为将，皆需寻得良师、益友为楷模。从曾国藩道德修养的实践中我们不难发现，其"见贤思齐"之法主要体现在以下几个方面：其一，他以圣贤为榜样。曾国藩深知"得今人之贤者而师法之，庶易长进"[②]。他不仅敬仰当世智者，更对古代圣贤怀有深厚的敬意。他亲自甄选了三十二位圣哲（如孟子、朱熹），并嘱托儿子曾纪泽为他们绘制肖像，存放于家塾之中，以此为后世子孙树立学习的标杆。尤其是孟子，其威武不屈、富贵不淫、贫贱不移的高尚品格，以及培养浩然之气的修德智慧，让曾国藩深感钦佩，并愿终其一生追随孟子的足迹。其二，他秉持"众人皆可为师"的理念。这一源自孟子的修身之道，被曾国藩吸收并赋予了新的内涵。他认为"徒与人则我之善有限，故又贵取诸人以为善。人有善，则取以益我；我有善，则与以益人。连环相生，故善端无穷；彼此据注，故善源不竭"[③]。在给诸弟的书信中，他详尽介绍了自己在北京时的师友，如唐鉴（镜海）先生、倭仁（艮峰）前辈等，他们都是他见贤思齐的榜样，也是他"取人为善"的对象。其三，他强调师友的相互夹持。曾国藩认为"师友夹持，虽懦夫亦有立志"[④]。他坦诚开放，时常邀请长辈、师长、亲友、同僚乃至晚辈、下属来监督自己的言行，指正自己的不足。他还撰写对联一副："虽贤哲难免过差，愿诸君谠论忠言，常攻吾

---

① 曾国藩. 曾国藩全集·家书[M]. 长沙：岳麓书社，1985:459.
② 曾国藩. 曾国藩全集·日记[M]. 长沙：岳麓书社，2011:406.
③ 曾国藩. 曾国藩全集·日记[M]. 长沙：岳麓书社，1987:851－852.
④ 曾国藩. 曾国藩全集·家书[M]. 长沙：岳麓书社，1985:364.

短；凡堂属略同师弟，使僚友行修名立，方尽我也。”[①]并将其张贴于各地府县的办公场所，公之于众，以此鼓励下属直言不讳。对于下属的批评，他总是欣然接受，并在日记中频繁反思、检讨自己的言行。

二、内省以修德

居敬修心。曾国藩认为，所谓居敬，就是“内而专静纯一；外而整齐严肃”。早在先秦时期，孔子就已经提出了“修己以敬”的理念，将“敬”作为个人道德修养的重要方法。二程进一步将“敬”提炼为宋明理学道德修养的核心范畴，朱熹对此更是推崇备至，认为二程对后学者的最大贡献就在于凸显了“敬”字之力。由此，“居敬”被视为“圣门第一义”，成为修德养性的重要方法。曾国藩对“居敬工夫”的崇仰，始于道光二十二年(1842 年)。他深受唐鉴的影响，唐鉴曾告诫他：“欲求身正非敬不可，欲求家齐国治天下平非敬不可”[②]。

曾国藩在日记中也曾记录了自己对“敬”的体悟：“竹如说理，实有体验，言舍‘敬’字别无下手之方，总以严肃为要。自问亦深知‘敬’字是吃紧下手处。”[③]然而，起初曾国藩在践行居敬修身的过程中并未取得理想的效果，他深入反思后发现，这主要是由于自己内心的不敬所导致的，正如他在日记中所写：“读书时，心外驰，总是不敬之咎。”[④]通过不断地反思与实践，曾国藩逐渐认识到居敬对于立德修身的重要性。他认为“居敬”是道德修养的基础和内省、修身的关键所在。他在自己的《居敬仪》一书中，他甚至将居敬比作包治百病的良药，认为只要做到居敬，就能消除各种身心疾病。曾国藩对居敬的这些观点并非妄言，而是基于他的实践感悟。他将“敬”列为每日必修的课程之首，并提出了具体的实施细则：即“整齐严肃，无时不惧。无事时心在腔子里。应事时，专一不杂。清明在躬，如日之升。”[⑤]他每天都按照这些细则来修身养性，久而久之自然取得了显著的进步。

主静修心。所谓“静”，意指心不妄动，静则心定。庄子最早提及以“静”修

① 曾国藩. 曾国藩全集·诗文[M]. 长沙：岳麓书社，2011.
② 唐鉴. 四砭斋省身日课(卷十二)[M]. 光绪十二年刻本：25.
③ 曾国藩. 曾国藩全集·日记[M]. 长沙：岳麓书社，2015：326.
④ 曾国藩. 曾国藩全集·日记[M]. 长沙：岳麓书社，1988：809.
⑤ 曾国藩. 曾国藩全集·日记[M]. 长沙：岳麓书社，2011：328.

身养性:"夫虚静恬淡寂漠无为者,天地之平而道德之至"①。真正将"主静"确立为心性修养之法的,则是北宋理学家周敦颐。他的"主静"即"无欲故静",曾国藩在主静修养之道上,既受先贤智慧启迪,又蒙唐鉴、倭仁、吴竹如等师友悉心指导与鞭策,这在《曾国藩全集·日记》中多有记录:"唐先生言,最是'静'字功夫要紧。大程夫子是三代后圣人,亦是'静'字功夫足。王文成亦是'静'字有功夫,所以他能不动心。若不静,省身也不密,见理也不明,都是浮的。总是要静。"②据曾国藩日记道光二十一年十二月十二日(1842年1月22日)记载,吴廷栋(字竹如)首次建议曾国藩学习静坐之法:"晏起,走竹如处……,竹如教以静坐法。"③当天下午,曾国藩便开始实践静坐。然而,初时效果并不显著,他深感自责道:因心不静,虚度数十载光阴。立志改过自新以来,已逾一月,仍如此浮躁。后来,他逐渐领悟到主静不仅是"进德之方",更是"长生之诀",是修身养性的根本之法。为此,他高度重视主静修养,特制定每日静坐半小时的修身日课,将主静功夫正式纳入修身日程,力求"息息静极"。经过两年的坚持修炼,曾国藩的主静修养初见成效,久而久之,收效甚巨。

程颐和朱熹曾担忧周敦颐提出的"主静说"可能会与佛教中的"静"观念产生混淆,他们害怕一旦讨论起"静",就可能不自觉地陷入佛教的框架之中。因此,他们提出了一个策略,那就是"避免使用'静'字,转而强调'敬'字",以此来与佛教思想有所区分。然而,曾国藩并不认同此理。曾国藩认为"主静"与"主敬"在道德修养上并无本质区别,只是各自有其适用的情境。他采纳了唐鉴的观点,即之所以无法做到真正的"静",是因为内心无法专一。因此,真正的"静"必须建立在"敬"的基础上,才不会显得空洞无物。由此,曾国藩提出了"静源于敬"的观点,并认为"居敬"与"主静"两者相辅相成,缺一不可。也就是说,"敬"与"静"既相互联系又有所区别,"敬"是"静"的前提和基础,而"静"则是"敬"的必然结果。"敬则与天地不违,静则与天地相似。"敬"而后能"静",敬者所以去妄,去之既久,妄感不入,邪念不兴矣,静矣"④。同时,他还对"主静"与佛教的静坐入定进行了明区分:"我辈求静,欲异乎禅氏入定,冥然罔觉之旨,其必验之此也,有所谓一阳初动,万物资始者,庶可谓之静极,可谓之未发之中,寂然不动之

① 庄周. 庄子[M]. 北京: 北京出版社,2006:251.
② 曾国藩. 曾国藩全集·日记[M]. 长沙: 岳麓书社,1987:126.
③ 曾国藩. 曾国藩全集·日记[M]. 长沙: 岳麓书社,2011:327.
④ 唐鉴. 四砭斋省身日课(卷十一)[M]. 光绪十二年刻本:26.

体也。不然，深闭固拒，也如死灰，自以为静，而生理或几乎息矣”[①]。曾国藩认为，主静修养应该像“一阳初动，万物资始”那样充满活力，是一种静中有动的状态，而不是佛教中那种静坐入定、四大皆空、冥然无息的绝对静。尽管两者都采用了静坐的形式，但它们的本质却大相径庭。

慎独修心。“慎独”这一概念可追溯至《礼记·中庸》篇。曾国藩在其临终遗嘱中强调“慎独则心安”，显然，他将慎独视为道德修养的重要方法。然而，正如居敬、主静等修养之道一样，曾国藩对慎独之道的探索也经历了一个不断认知深化、反复砥砺前行的过程。曾国藩在《曾国藩日记》中详细记录了自己对慎独之道逐步认知的过程。曾国藩体会到，外界的束缚与压力往往激发出内心的浮躁与纷扰，这种内心的动荡，进而会引发言语的急躁、精神的萎靡，使得心安成为奢望，修养之路愈发艰难。然而，正是在这样的磨砺中，曾国藩逐渐领悟到，心安之道在于慎独。唯有通过慎独的修养，方能成就内心的坦然与无愧。因此，他非常重视“慎独工夫”，特著《君子慎独论》一文：“独知之地，慎之又慎。此圣经之要领，而后贤所切究者也。……小人以其为独而生一念之妄，积妄生肆，而欺人之事成”[②]。曾国藩效仿倭仁，坚守慎独之道，对自己要求严苛，不曾有丝毫懈怠。他坚持即时纠正错误，将自省的结果翔实记录，认为“内省不疚，可以对天地质鬼神，断无行有不慊于心则馁之时。”[③]曾国藩通过慎独修养，实现了内心的平静与安宁，达成了他“遏欲不忽隐微，循理不间须臾，内省不疚，故心泰”的“慎独工夫”目标。

三、砺行以修德

读书修德。习近平总书记指出：“传统文化中，读书、修身、立德，不仅是立身之本，更是从政之基”[④]。同样，读书修德的理念也深深植根于曾国藩的仕途生涯。曾国藩认为：“凡人一家，只有‘修德读书’四字可靠”[⑤]。这是他多年实践的切身感受。在曾国藩看来，人的气质虽由天定，虽然难以轻易改变，但读书却能够重塑人的气质。曾国藩认为，只要持之以恒，像愚公移山那样变换气质，终

① 曾国藩.曾国藩全集·日记[M].长沙：岳麓书社，1987：129.
② 曾国藩.曾国藩全集·文集[M].长沙：岳麓书社，2011：327.
③ 曾国藩.曾国藩全集·家书[M].长沙：岳麓书社，1985：1393.
④ 习近平.之江新语[M].杭州：浙江人民出版社，2007：173.
⑤ 曾国藩.曾国藩家书[M].北京：中央民族大学出版社，1999：364.

有一天会迎来豁然贯通的时刻。正因如此，曾国藩多次表达自己对读书的热爱，认为读书的核心目的在于提升道德修养，而非单纯的知识积累。他认为，读书应与德行修炼相辅相成。他主张每日所读之书都应字字入心，深入反思，探求其中的真理，即格物致知。只有坚持读书与修身并重，才能达到学问与德行并进的目标，从修身养性开始，通过格物致知、诚意正心，成就高尚道德。

笃实践履。在道德修养上，曾国藩不仅是一个理论家，也是一个实干家，曾国藩认为："即其所知而力行之，是忠也，非欺也。知一句，便行一句"①。他将"力行"与"不欺"紧密融合，在道德修养上知行合一，他主张不仅要研习道德知识，更要将其落实于行动之中。在他看来，即便对事物的理解再深刻，也不及将其付诸实践来得真切有效。在给家人的书信里，他常提及《大学》中的八条目，特别强调其中的"格物"与"诚意"两点，前者为求知之道，后者则是实践之行。曾国藩的笃行之道实际上以后也深受王夫之哲学思想的影响，王夫之强调修身需以实践为基，不可空谈理论。曾国藩以之为教，在道德修炼上坚实厉行。他曾因收受一把昂贵的银壶而深感自责，认为自己过于奢侈且追求虚名。此后，他痛定思痛，决然戒除贪欲，即便位居高位，仍坚守清廉为官的道德底线。曾国藩认为，戒欲、节俭、主静等修身之道不仅需理解其理论，更需身体力行。他脚踏实地，勇于面对自身的不足，经过岁月的磨砺，取得了显著的修身成效。回顾曾国藩的一生，他将修身与修行紧密结合，注重道德实践，力求在实践中追求卓越。他不忘在逆境中砥砺前行，践行自己领悟的道德思想，是一位名副其实的笃行践履者。尤为可贵的是，他能够在道德实践中始终做到慎独，这是一种高度自觉自律的修德境界。对于曾国藩而言，慎独就是自强之基、修德之本，他主张不因有人监督而行善，更不因无人监督而作恶，他一生力求去除私欲，秉持天理，可以说达到了相当高的知行合一境界。

迁善改过。曾国藩之所以受人钦佩，不仅在于他敢于修必思过，更在于他能够通过实际行动去克服并改正这些错误。在曾国藩看来："凡人一家，只有'修德读书'四字可靠"②。曾国藩的迁善改过之举主要体现在以下六个方面：一是，摒弃虚伪与不诚；二是，消除名利之心；三是，克服缺乏毅力的弱点；四是，改正不敬的态度；五是，戒除私欲；六是，革除懈怠与疏忽的恶习。当然，曾国藩的

① 曾国藩. 曾国藩全集·家书[M]. 长沙：岳麓书社，2011：132.
② 曾国藩. 曾国藩全集·家书[M]. 长沙：岳麓书社，2011：65.

迁善改过并非一蹴而就，而是经历了一个漫长曲折的过程。起初，他急于求成，但随后意识到，多年累积的陋习并非轻易可以根除。尤其是好名之心，总是如影随形，屡改屡犯。曾国藩从自身经历中深刻体会到，好名等毛病已根深蒂固，仅凭一时的“猛火”难以彻底拔除。他必须采取“不求速效，但求实际”的修行方法，通过坚持不懈的努力和循序渐进的方式去“温火慢炖”，才有可能逐渐见效：“凡事皆用困知勉行工夫，不可求名太骤，求效太捷也。”[①]经过长期的修炼，曾国藩终于摆脱了好名的困扰，再也不敢以功名自傲。道德的修养也绝非一朝一夕之事，更不是凭借一时的热情或誓言就能实现的。曾国藩修养道德的过程说明，只有持之以恒、日积月累，才能将外在的美德内化为内在的品质。在曾国藩看来，道德修养是一场触及灵魂的深刻变革，不可能一帆风顺，更不会迅速见效，需要循序渐进、坚持不懈的努力。在道德修养的过程中，每当遭遇挫折或失败时，曾国藩总是警醒自己：“不可因境遇偶拂，遽尔摧沮”[②]，“古来圣贤豪杰，何人不从磨练出来？磨折愈甚，学养愈进。但求志弥刚、气弥静，磨不倒者，即是高人一等耳”[③]。曾国藩能够在道德修炼过程中始终坚持实践为重、笃行不息、困知勉行，在逆境中不断迁善改过，最终成就了一番伟业。

① 曾国藩. 曾国藩全集·家书[M]. 长沙：岳麓书社，1985：1237.

② 曾国藩. 曾国藩全集·家书[M]. 长沙：岳麓书社，2011：302.

③ 曾国藩. 曾文正公全集·书札(卷二)[M]. 沈阳：辽宁民族出版社，1997：132.

曾国藩故居富厚堂

富厚堂,又名毅勇侯第,是曾国藩的侯府。始建于同治四年(1865 年),位于湖南省双峰县荷叶镇,主体由门楼、八本堂主楼、求阙斋藏书楼、归朴斋等组成,现存建筑占地 4.3 万平方米,主体建筑面积近 1 万平方米。其建筑形制兼具湘中民居特色与官宦府邸规制,采用抬梁穿斗混合结构,青砖灰瓦与雕花门窗相映成趣。富厚堂后有山靠,前有水罩,藏风聚气。该建筑群坐西朝东,早上第一缕阳光照进来,意紫气东来。曾国藩曾说这里是人间一等一的好屋场。作为湘军文化的重要物质载体,富厚堂见证了晚清政治格局演变。其藏书楼鼎盛时期曾藏书约 10 万卷,开近代私家图书馆之先河。2013 年列入全国重点文物保护单位。

第四章　曾国藩家训立德树人之道的现实价值

曾国藩家训在读书治学、为官从政、修身立德、齐家治家等诸多方面都有着极为深刻且具体的见解，这些内容紧密关联着现实生活，对当代社会具有重要的借鉴意义。在读书治学之道上，强调立志、有识、有恒，明确读书旨在修德明理，注重方法的得法、严谨与专一；为官从政之道上倡导“勤恕廉明”“德重于才”“公以驭下”等原则，对官德修养和用人、治兵之道有着详细指导；修身立德之道通过日记、静坐等多种方式实现自我提升，注重在日常生活中砥砺品德、慎独内省；齐家治生之道秉持孝悌为本、克勤克俭、“不妄取予”等理念，维护家庭和谐与邻里关系。本章将详细阐述这些方面的具体内容，深入挖掘其与当代社会的紧密联系，分析如何将其有益部分价值重构到现代生活中，为个人成长、家庭建设和社会治理提供有益的启示与借鉴，促进传统家训文化在当代的传承与发展。

第一节　曾国藩家训读书治学之道

一、读书治学贵在有志、有识、有恒

树立远大志向，是追求人生境界的起点。这不仅仅局限于科举功名等世俗成就，更在于读圣贤书，立圣贤之志，追求精神上的升华。曾国藩深谙此道，认为立志如同“服金丹”，是改变个人气质、实现人生蜕变的关键。人的气质虽然天生，但并非不可改变。曾国藩曾有一段时间内心迷茫，无法自持，他经过深思后认为，这是志不立所致。志向未立，人就容易放松懈怠，心中茫然无定向，难以保持内心的宁静与安定。于是，他痛定思痛，立下坚定的志向，从此再不动摇。纵观曾国藩的一生，无论是追求圣贤德业、功成名就，还是平定太平天国之乱，他都能持之以恒。他认为，“天下凡物加倍磨治，皆能变换本质，别生精彩，

何况人之于学？但能日新又新，百倍其功，何患不变化气质，超凡入圣！”[①]在儒家文化中，“志”占据着举足轻重的地位。儒家认为，“志”是“士”与“心”的结合，体现了士大夫群体对于志向的高度重视。有志者事竟成，君子若能树立一个长远、正确且有用的奋斗目标，就能产生前行的动力，鞭策自己不断努力。志向不仅影响个人的君子人格，更决定其人生的成就。对于君子而言，合理的志向应具有深远的意义与广泛的影响。曾国藩指出，士大夫的志向若能修身齐家，传承优良家风与品德，教化乡里，实现君子之泽，便是善美的。这种志向不仅关乎个人的成长与成就，更关乎家族与社会的繁荣与进步。然而，立志只是思想意志上的事情，真正的关键在于将志向付诸实践。只有通过实际行动，才能将志向转化为现实，实现人生的价值与意义。因此，我们应该在立志的同时，注重实践能力的培养与提升，不断追求更高的目标与境界。

曾国藩的一生，是对“有识”即明理、晓事、知人的生动诠释。在1835年参加会试之前，他的主要学习内容是四书五经和八股时文，日夜苦读，只为功名利禄，对儒学之大理大节并未深究。中进士后，他进入人文荟萃的北京，目睹了大儒们的高尚风范，意识到自己学问修养的不足，于是痛下决心，转而追求真正的学问。在京任职期间(1838—1849年)，曾国藩的学业取得了巨大进步。他开始广泛涉猎诗文，后又借钱购买《二十三史》，每日刻苦钻研。入翰林院后，他更是利用一切条件广泛阅读，涵盖了经、史、子、集各个方面的大部分书籍，并做了大量读书笔记。在良师益友的切磋扶持之下，他的学问日益精进。1842年，他还为自己制定了“刚日读经，柔日读史”的读书计划，并坚持不懈地遵循。即使是在统领湘军、全权处理攻打太平军和剿捻、主管苏、皖、赣三省军政的繁重任务期间，曾国藩也从未间断过学习。他坚持利用闲暇时间读书写字，展现了勤奋刻苦、奋发向上的精神风貌。晚年，尽管身患重病、身体极度衰弱，曾国藩依然坚持不辍公务，虔心向学。他经常翻阅《理学宗传》等书籍，直至去世前一天还在阅读并记录日记。他一生所写的奏牍、书信、家书、批文、日记等，皆亲手所写或删定，洋洋数千万言，其勤奋和恒心的程度极为罕见。曾国藩持之以恒的学习效果是显著的。他不仅在道德学问方面取得了卓越成就，成为清末著名的理学大师，还自立风格，创立了晚清古文的“湘乡派”，为后世所称颂。此外，在军事、教子、养生、交友、人情世故以及政治、外交等方面，他都有自己的卓识和独

① 曾国藩. 曾国藩全集：第十七册[M]. 长沙：岳麓书社，2011：239.

到的见解。正是因为这种持之以恒的精神，曾国藩才能在伦理修养与经世实践中持续精进。这一天天的进步累积起来，最终成就了一个“立德、立功、立言”三不朽的曾国藩。他的一生，是对“有识”和“持之以恒”的最好注解。

“恒”是读书、习字、写诗、作文等一切学问追求中的核心要素，意味着天天坚持，日日不间断。曾国藩深谙此道，“凡人作一事，便须全副精神注在此一事，首尾不懈，不可见异思迁”①，并强调“有恒，则断无不成之事”②。在他看来，不求兼通各门学问、通览各家书籍，但求有专攻专营；不求每日多做功课，但求日日有恒。曾国藩以“掘井”为喻，进一步阐述了“恒”与“专”的相辅相成：“用功譬若掘井，与其多掘数井而皆不及泉，何若老守一井，力求及泉而用之不竭乎？”③“老守一井”体现的是专注与深入，“力求及泉”则依赖于持之以恒的努力。读书有恒，能够让人每日每时都受到圣贤之书和圣人之言的熏陶教诲，得到圣贤德行言语的督促范导。这不仅有助于进德修业，避免小恶积累成大恶，更是成为明理之圣贤君子的重要路径。因此，曾国藩认为，读书治学首先要目标明确、志存高远，奋发向上，以达圣贤之境；其次要有自知之明，虚心谦恭，广采博收；再次要勤学好学，刻苦磨砺，持之以恒，不断进取。志向远大固然可嘉，但实现它绝非一朝一夕之功，需要付出长期不懈的努力。在努力的过程中，势必会遇到种种主观或客观的困难，只有克服这些困难，才能继续前进。正如荀子在《劝学》中所言，只要持之以恒、锲而不舍，就能成功，做其他事情也莫不如此。曾国藩特别注重立志并持之以恒的问题，他认为判断人才的高下优劣，志趣是首要标准。低劣的人才安于现状、不思进取，受世俗影响与陋规束缚，逐步沦为卑污小人；而优等人才则仰慕往圣前贤的德业功绩，日益高明，成圣成贤。对于君子而言，要实现志向，必然有一段“积累日久”的做功过程。“是故为学既久，则道业可成，圣贤可到；为治既久，则教化可行，尧舜可至。

若是之类，莫不由积日累久而后至，固非骤而及也。……是故君子之用功也，如鸡孵卵，不舍而生气渐充；如燕营巢，不息而结构渐牢；如滋培之木，不见其长，有时而大；如泉之有本，不舍昼夜，盈科而后进，放乎四海。但知所谓功，不知所谓效，而效亦徐徐以至也。”④由此可见，做到了读书有恒，则能明理进德；

① 曾国藩. 曾文正公家书[M]. 北京：线装书局，2012：215.
② 曾国藩. 曾文正公家书[M]. 北京：线装书局，2012：90.
③ 曾国藩. 曾文正公家书[M]. 北京：线装书局，2012：87.
④ 曾国藩. 曾国藩全集：第二十一册[M]. 长沙：岳麓书社，2011：429－430.

树立了正确的功效观，做到了锲而不舍、自强不息，则有识和有志也就能够最终实现。曾国藩一生时常慎独、反躬自省，真正做到了读书有恒，最终成就了具备“三有”品格的晚清重要军政领袖。事实上，就天资而言，曾国藩并非特别聪明，但他之所以能够成为晚清的“中兴重臣”，靠的正是持之以恒的努力，其个人修养与事功成就体现了儒家士大夫的典型品格，但也需结合历史环境辩证看待其局限性。

二、读书治学旨在修德、明理、晓事

曾国藩明确指出，读书并非为了仕途功名，而是为了“明理”。此“理”，从宏观层面讲，是程朱理学中的“天理”，它作为世界万物的本源，体现了天地万物及人的本性。明了此理，方能成为圣贤君子。而从微观层面看，“理”则是儒家纲常伦理，即儒家所强调的“礼义”。曾国藩认为，“礼”贯穿于君子修身、齐家、治国、平天下的全过程，是道德和政事的根本。“古之君子所以尽其心、养其性者，不可得而见，其修身、齐家、治国、平天下，则一秉乎礼。自内焉者言之，舍礼无所谓道德；自外焉者言之，舍礼无所谓政事”。[①] 明理要求人们在日常生活中克己复礼，践行儒家的礼义廉耻（四维）与三纲五常。为了达到明理的境界，君子必须熟读四书五经等儒家经典，并依照这些经典的教导来指导实践，通过不断的切身实践，逐渐达到成德成圣的境地。

在曾国藩看来，成为圣贤君子并非遥不可及，关键在于立定志向。“人苟能自立志，则圣贤豪杰，何事不可为？若自己不立志，则虽日与尧舜禹汤同住，亦彼自彼，我自我矣，何与于我哉？”[②]因此，读书明理、志在圣贤，是曾国藩为学做事的根本目的，也是其学术思想的核心内容。在追求圣贤目标的指引下，读书明理实质上是一种圣贤君子人格的修炼过程。换言之，曾国藩的读书实践是一种知行合一的道德践履，其终极目标是成为圣贤君子，而非世俗所热衷的科举功名。

曾国藩视读书为明事理、修品德的重要途径，而非单纯追求功利的手段，认为读书在个人精神内涵与外在气质塑造上的独特作用，“人之气质由于天生，本难改变，唯读书则可变化气质。”在曾国藩看来，读书不仅是为了获取知识，更是

---

① 曾国藩. 曾国藩全集：第十四册[M]. 长沙：岳麓书社，2011：410.
② 曾国藩. 曾国藩全集：第二十册[M]. 长沙：岳麓书社，2011：128.

为了修养内心，完善品德。因此，他教育子女时，强调读书的根本目的不在于功名利禄，也不在于当官发财或光宗耀祖，而是要通过读书养浩然之气，成为一个品格健全、人格完善的人。“治生不求富，读书不求官。修德不求报，为文不求传。”

在封建社会中，家长多期望子女通过读书为家族带来荣耀，但曾国藩却持有不同的观点。他期望子孙能够成为读书明理、心胸博大、对社会和他人有用的人。强调读书要独立思考，有自己的见解，而不仅仅是为了著作等身或加官晋爵。他告诫子女，要从书中获得真正的知识，让自己的思考与书中的内容相互贯通，达到心有所得的目的。曾国藩的侄子考中秀才后，他在家书中诫勉侄子，希望侄子能够继续奋勉加功，为人与为学并进，切戒骄奢。同时，他也劝诫子侄向他的好友刘蓉学习。刘蓉虽非科举出身，却胸怀大志，博学多才，对古今因革损益得失利病及其风俗和人才盛衰有深刻见解。曾国藩对刘蓉的智慧和才能极为赞赏，认为其所学所得，其学识为曾国藩所推崇。

曾国藩深刻认识到科举对人才的束缚，他指出，“自吾有知识以来，见乡之老成夙学，笃于文律者，恒困顿无以自拔，或终身不得当于有司之试。而其所教之子若弟，往往分沾余技，飞腾速化以去。……制艺试士既久，陈篇旧句，盗袭相仍。……名目既繁，科条日密。虽过百人之智，穷十年之力，犹不能洞悉。及其彻于心而调于手，而齿已日长，少时英光锐气，稍稍衰减矣。”①他结合自己的经历，告诫子弟不要过分热衷科举，以免学业无成贻误终身。

曾国藩在探讨明理之道时，不仅强调了读书的重要性，还指出了务实、知人与晓事理同样不可或缺。他深受儒家，尤其是湖湘学经世致用学风的影响，提出：“不说大话，不骛虚名，不行架空之事，不谈过高之理。”②

针对宋明理学家们沉溺于心性之学，热衷于从考察思想动机中鉴别君子与小人的做法，曾国藩进行了修正。他强调，人的品性并非一成不变，而是随着时间和情境的变化而变化。“天下无一成不变之君子，无一成不变之小人。今日能知人，能晓事，则为君子；明日不知人，不晓事，即为小人。”③曾国藩所指的“晓事”，并非仅仅追求事业上的小成就，这些在他看来都属于末流。真正的“晓

① 曾国藩. 曾国藩全集：第十四册[M]. 长沙：岳麓书社，2011：189.
② 曾国藩. 曾国藩全集：第十七册[M]. 长沙：岳麓书社，2011：87.
③ 曾国藩. 曾国藩全集：第二十八册[M]. 长沙：岳麓书社，2011：14.

事”，体现在君子的“器识”上。“古之君子所以自拔于人人者，岂有他哉，亦其器识有不可量度而已矣。”[①]君子应具备宽广的胸怀和深邃的见识，无论面对富贵贫贱还是大忧大辱，都能保持常态，不为外物所动。这种“器识”与“度量”的大小，是衡量君子小人的重要标准。

曾国藩认为，读书的终极目标是实现“明理”这一内在修为，而“务实、晓事、知人、器识”则是明理的外在呈现，是知行合一、主客观密切结合的道德践履活动。他强调，如果不能做到这些，就是不明理、不晓事。“不晓事则挟私固谬，秉公亦谬，小人固谬，君子亦谬。”[②]

在晚清社会，宋明理学的影响深远，而曾国藩将“晓事”“知人”作为区分君子小人的标准，无疑是一个超越。他结合自身的阅历和人生体验，对传统的“学而优则仕”进行了反思，提出了“做读书明理之君子”的思想。他反复告诫子侄，要一意读书，不必从军，也不必做官。当然，他并不反对子孙参加科考，但认为即使不能入仕，也可通过教书、入幕等方式生存。这种读书目的观和价值观立足现实生活，展现了他开明的思想。

三、读书治学重在得法、严谨、专一

曾国藩在家书中向儿子曾纪鸿、曾纪泽强调了领略古人文字意趣的重要性，笔者将这种趣味概括为四个核心特点：气势、识度、情韵、趣味。曾国藩认为，一篇好的文章，至少应具备这四个特点中的某一个。

他在家书中写道：“近日所看之书，及领略古人文字意趣，尽可自摅所见，随时质正。前所示有气则有势，有识则有度，有情则有韵，有趣则有味，古人绝好文字，大约于此四者之中必有一长。”[③]曾国藩认为，文章是真情实感的流露，只有做到事真、情真、理真，才能打动人心，赋予文章生命活力。

他强调，写作不仅是技巧的运用，更是内心情感的真诚表达。曾国藩进一步教导曾纪鸿、曾纪泽如何在文章中展现气势，提道：“少年文字，总贵气象峥嵘。……古来文人……无不在气势上痛下工夫。”[④]他认为，对文章气势的重视

---

① 曾国藩．曾国藩全集：第十四册[M]．长沙：岳麓书社，2011：190.

② 曾国藩．曾国藩全集：第二十八册[M]．长沙：岳麓书社，2011：14.

③ 曾国藩．曾国藩家书(下)[M]．唐浩明，编．长沙：岳麓书社，2015：364.

④ 曾国藩．曾国藩家书(下)[M]．唐浩明，编．长沙：岳麓书社，2015：371－372.

是文人的传统,这种气势不仅体现在语言形式上反对形式雕琢,主张自然流露,更体现在作品所透露出的精神和气度上。有气势的文章能够展现出语言的表现力和思想的感染力。为了提升文章的气势,曾国藩要求曾纪鸿、曾纪泽每个月写一篇文章进行练习,并注重平时的积累与反复训练。他教导曾纪鸿、曾纪泽不仅要从语言层面下功夫,更要提升自己的精神境界,增强对事物的理解能力,这样才能使文章"气势展得开,笔仗使得强"。

以韩愈、苏轼作品为范本,曾国藩向曾纪鸿、曾纪泽阐述了什么是气以及如何使文章具有气势,从而帮助他们在写作中更好地体现这一要素。

曾国藩在治学方面有着深厚的造诣,他不仅自己勤于经史、诗文、书法等学问的研习,而且非常注重将这些心得和经验传授给子弟。"学问之道,能读经史者为根柢"①,强调了经史在学问中的基础地位。同时,他也指出:"不善作则如人之哑不能言,马之跛不能行"②,"不善写则如身之无衣,山之无木"③,进一步阐明了诗文创作和书法练习的重要性。在家书中,曾国藩与其弟、其子频繁交流读书、习字、作文的方法,内容翔实而丰富。他不仅提供了通用的方法和总体的原则,还深入到了许多细小的方面,体现了其治学的严谨和用心。尤为重要的是,他始终强调"自主进德修业"的重要性。在致诸弟的《劝弟谨记进德修业》信中,他明确指出:"吾人只有进德、修业两事靠得住。进德,则孝悌仁义是也;修业,则诗文作字是也。此二者由我做主,得尺则我之尺也,得寸则我之寸也。今日进一分德,便算积了一升谷;明日修一分业,又算馀了一文钱。德业并增,则家私日起。"这段话不仅揭示了个人努力在实现人生价值中的决定性作用,而且用来阐述主动进德修业的良好成效,以此勉励子弟积极投身于学习和修养之中。

曾国藩特别强调在读书中保持专一的重要性,认为读书不可同时涉猎多本书籍,以免分散精力。"尔既看《史记》,则断不可看他书。功课无一定呆法,但须专耳。"④同时,他也强调了持之以恒的重要性,认为只有从头到尾通读一本书,才能真正理解其大局和精要。"无论何书,总须从首至尾通看一遍。不然,

① 曾国藩.曾文正公家书[M].北京:线装书局,2012:230.
② 曾国藩.曾文正公家书[M].北京:线装书局,2012:319.
③ 曾国藩.曾文正公家书[M].北京:线装书局,2012:319.
④ 曾国藩.曾国藩家书(上)[M].长沙:岳麓书社,2015:58.

乱翻几页,摘抄几篇,而此书之大局精处茫然不知也。”①在书法练习方面,曾国藩同样强调了持之以恒的必要性。他建议弟弟习字可以临摹《千字文》,但关键在于有恒。他说道:“习字临《千字文》亦可,但须有恒。”②这一观点不仅适用于书法练习,也贯穿于他对于读诗写诗方法的教导中。他建议弟弟学诗要先看一家集,先学一体,不可各体同学,同样强调了专一与恒心的重要性。

此外,曾国藩在给澄弟、沅弟、季弟的家书中,还特别强调了学问不能求速效的观点,并分析了其中的危害。他举例指出,家庭日用中间也蕴含着大学问,劝诫家人将治学与生活紧密联系起来。“只要日积月累,如愚公之移山,终久必有豁然贯通之候,愈欲速则愈锢蔽矣。”③在道光二十四年(1844 年)十一月二十一日写给诸弟的家书中,曾国藩再次强调了有恒在治学中的重要性。他提到,以往常给诸弟制定课程,但近来只教以有恒二字。“是以往年常示诸弟以课程,近来则只教以有恒二字。……学问之道无穷,而总以有恒为主。”④他用自己的亲身经历和学习方法,如坚持学习《王荆公文集》《归震川文集》《诗经大全》《后汉书》等著作,来劝诫家人学而有恒是一生遵循的准则。

第二节 曾国藩家训为官从政之道

一、“勤恕廉明”的为官之道

(一) 勤以治事

曾国藩深谙勤奋之道,他强调:“人而不勤,则万事俱废”,“国勤则治,惰则败”。这一理念不仅贯穿于他为官治学的始终,也成为他整顿吏治、复兴国家的核心理念。面对晚清时期吏治腐败、官场风气敷衍粗暴的现状,曾国藩深刻反省,以史为镜,提出应以古代先贤为榜样,效仿本朝康熙帝,大力整顿吏治,清除不良官风。

---

① 曾国藩. 曾国藩家书(上)[M]. 长沙:岳麓书社, 2015:58.
② 曾国藩. 曾国藩全集:第十四册[M]. 长沙:岳麓书社,2011:59.
③ 曾国藩. 曾国藩家书(上)[M]. 长沙:岳麓书社, 2015:59.
④ 曾国藩. 曾国藩家书(上)[M]. 长沙:岳麓书社, 2015:88.

在要求他人勤勉的同时，曾国藩更是以身作则，躬身践行。他总结出为官勤勉的“五到”办事方法：“身到”，即实地了解情况；“心到”，指用心思考对策；“眼到”，要善于识人辨事；“手到”，随时记录重要事项；“口到”，及时叮嘱并常常督促。他坚信，为官者应以勤补拙，通过不断熟习而达到明察秋毫的境界。正如他所言，“克勤小物，乃可日起而有功”，持之以恒，最终“日久自有大效”。

曾国藩将“勤”作为为学为官一生的准则。在治军方面，他同样强调勤奋的重要性，认为“军勤则胜，懒则败”。他提出，“勤字为人生第一要义。无论居家、居官、行军，皆以勤字为本”。在军中，他以身作则，每天天色未明即起床，巡查兵营，检阅士兵操练；白天则勤勉处理军政事务，清理文卷，接见来访。他坚持利用闲暇时间博览群书，不断提升自己。

曾国藩对自己要求极为严格，甚至达到了苛刻的地步。他在一篇日记中反思自己“作息不节”“贪睡”，认为这标志着修养的退步。针对作息问题，曾国藩在“修身十三条”中明确规定“黎明即起，醒后不沾恋”，并通过日记持续监督执行。成年后，一旦发现自己不能按时醒来，便立刻起床并反思检讨，认为自己心性不定，必须加以自律和改正。这种严格自律的精神，不仅体现在他的日常行为中，更贯穿于他为官治学的全过程。

（二）恕以待人

曾国藩秉承儒家“恕以待人”的传统理念，认为仁者当以恕为本，“恕”是“以爱己之心爱人”，即是道。他指出，凡人凉薄之德，最易触犯的有三端：一是，“妒功忌名，幸灾乐祸”；二是，“不能受命，居卑思尊”；三是，“强分黑白，过事激扬”。在交友方面，他强调雅量的重要性，主张“推诚守正，委曲含宏，而无私意猜疑之弊”。在湘军与太平天国的多年军事斗争中，曾国藩的九弟曾国荃立下了卓著功勋，湘军在曾国荃的率领下，最终在同治三年（1864 年）攻克了太平天国的天京（南京）。面对这份天大的功勋盛誉，曾国藩却表现得异常谦逊。在给朝廷的上奏中，他不仅将攻克金陵、战事胜利之功归之于皇帝、太后和朝廷，还归之于协同作战的友军，自己则谦虚地表示做事不多。同时，他借曾国荃病情严重为由，建议其回乡调理，并私下里反复规劝九弟功成身退，辞职回乡养病。这正是曾国藩处世保身原则的体现：“功不必自己出，名不必自己成”，“功成身退，愈急愈好”。

曾国藩在为人处世方面，低调做人，隐忍做事，处事圆融，能忍能让。这种处世哲学使他在吏治、用人、筹备粮饷等方面较其他官员更为顺畅。在他看来，为官立业之根本在于“以勤治事、以恒成事”，通过“修身十三条”严苛自律，而非争权夺利或压制同僚。他强调“识人大量”的重要性，认为只有具备宽广的胸怀和涵养，才能成大器。曾国藩深知为官一方，身担国家大事，肩负百姓之责，当有胸怀、有涵养、知进退。他强调“与人为善”，必须学会“恕”，这不仅是对他人的宽容与理解，更是对自己的一种保护与提升。

（三）廉以服众

曾国藩家族以“耕读”为本，要求子弟“常守俭朴之风”，其本人“衣服不值三百金”，饮食“每餐仅食蔬菜一品”，通过身教传递清廉价值观。他深谙“廉平之德，吏之宝也”的道理，认为治理国家的关键在于选拔贤能之士，而要实现这一目标，首要任务便是整顿官场风气，倡导廉洁奉公。面对晚清官场上的迎来送往、纸醉金迷，曾国藩提出了倡廉正之风、行礼治仁政的主张。为此，他颁布了《劝诫州县四条》，倡导“崇俭朴以养廉”，培养官员的廉洁品质。

在家族内部，曾国藩也多次教导曾国荃、曾国潢等族人，无论是持家还是为官，都应爱惜物力，避免铺张浪费。他在《书赠仲弟六则》中写道：“勿多欲”，即要克己节欲，不被物质享受所迷惑；“戒好动”，即非政事不要出巡；反对大兴土木，如曾国潢扩建宅院时主动退让，避免不必要的浪费；“仆从宜少”，强调不要讲究排场，保持谦逊低调；“送情宜减”，即人情来往应以简朴为主，不可奢华。曾国藩通过自身廉洁自律（如生活俭朴、拒收馈赠）和严格的治军原则（强调勤勉、杜绝贪腐），树立了“忠清艰苦”的统帅形象。湘军将领受其影响，普遍注重军纪与务实作风（如彭玉麟严惩腐败、杨岳斌专注练兵），这为部队的凝聚力与执行力提供了支撑。在清廷资源调配、太平天国内部分裂等多重因素作用下，湘军最终成为平定太平天国的主力之一。

（四）明以应务

何谓“明”？曾国藩在《赠弟六则》中指出：“明有二端：人见其近，吾见其远，曰高明；人见其粗，吾见其细，曰精明。”高明是指高瞻远瞩，拥有远见卓识的能力；而精明，则是擅长领悟与觉察，能够揭示事物深层次的含义与规律。曾国藩认为高明往往源自个人先天的禀赋与资质，而精明则是通过后天不懈的努力钻研所能达到的境界。“明”并非一蹴而就，而是需要长期的积累，“积诚可以生明，积勤亦可以生明”。

实现“明”需以“诚”为基础，这里的“诚”，指的是真心诚意、用心专一，避免一知半解、似是而非的态度。从政者更需专注政务，精通公务。唯有诚心静心，方能避免浮躁，深入掌握实际情况，从而处事不乱。

勤读、勤问、勤思、勤做，是达到“明”境的重要途径。天资高者当善加利用，天资不足者则需以勤补拙，遇到不懂之处，应及时向他人请教，用心思考，直至完全理解。通过一点一滴地积累学识，方能厚积薄发，渐入“明”境。

在《曾胡治兵语录》中，后世对曾国藩的“明”细化为四个方面：一是，“明于己”，即如《道德经》所言，“知人者智，自知者明”，要正确审视自我，扬长避短，不断弥补不足；二是，“明于人”，通过实践了解每个人的优缺点，进而合理用人，避免简单地以好坏、君子小人划分；三是，“明于事”，不明事理则易处事不当，为官者需周知巨细，把控全局，不可偏听偏信；四是，“明于理”，对所读之书、所交之人、所涉之事皆要深思，熟知做人、治学、为官、处事的道理，以做出合适的选择和正确的判断。曾国藩一生善于用人，提拔后进，这得益于他内心的明智。

二、“德重于才”的用人之道

曾国藩深谙为政之道，认为吏治乃为政之根本，而人才则是吏治的关键所在。“细思为政之道，得人、治事二者并重。”[1]这一观点构成了他政治思想的基础。

早年任职京官时，曾国藩便将“人才”“财用”“兵力”视为“天下之三大患”，并多次上疏论述，其中对人才问题的探讨尤为深入。无论是在统兵作战还是督抚地方期间，他都反复强调人才的重要性，并就人才的标准等问题进行了详尽的阐述。

在曾国藩的人才观中，德才关系至关重要。他认为德才不可偏废，但应以德为本、以才为用。他用水与木作比，形象地说明了德与才的关系：“譬之于水，德在润下，才即其载物、溉田之用；譬之于木，德在曲直，才即其舟楫、栋梁之用。”[2]并进一步指出：“德若水之源，才即其波澜；德若木之根，才即其枝叶。”他强调，有德无才近于愚人，有才无德近于小人，二者不可兼得时，宁可选择有德无才之人。

---

① 曾国藩. 曾国藩全集·日记[M]. 长沙：岳麓书社，2011：281.

② 曾国藩. 曾国藩全集·诗文[M]. 长沙：岳麓书社，1986：390.

曾国藩理想中的人才，应是德才兼备的。他在家书中勉励九弟曾国荃："人人讲求将略，讲求品行，并讲求学术"，并指出"目前能做到湖南出色之人，后世即推为天下罕见之人矣。"①所谓品学兼优，即德才兼备的同义语。

在人才的分类上，曾国藩认为天下人才可分为"官气"较重者与"乡气"较重者两类，二者在道德上均有所欠缺。因此，他提出"以'劳苦忍辱'四字教人，故且戒官气而姑用乡气之人"②并明确宣称："取人之式，以有操守而无官气、多条理而少大言为要。"③实践中，曾国藩喜用新人、士人、有"乡气"之人及务实肯干之人，这正是其"德才兼重而以德为先"人才观的体现。

对于军事人才，他有着更为迫切的渴求和特殊的标准。他认为将才须具备"才堪治民""不怕死""不急于名利""耐受辛苦"等品质，而最重要的则是"忠义血性"。他强调："大抵有忠义血性，则四者相从以俱至；无忠义血性，则貌似四者，终不可恃。"④然而，曾国藩也深知德才兼备、忠义血性的将才难得。他在实践中对于英勇善战却在德行上有缺陷的将领，采取了"责其过，劝其善，用其才"的方法，以求扬长避短、"玉成"人才、保证胜利。

虽然曾国藩在选才上坚持以德为先，但并非一味求全责备。他晚年对自己"重德废才"的取向进行了校正，认为"应衡人所长，不可因微瑕而弃有用之才"。他在一篇笔记中反思了自己的选才标准："虽有良药，苟不当于病，不逮下品；虽有贤才，苟不适于用，不逮庸流。"⑤这一反思体现了他对人才观的深刻理解和不断完善。

总的来说，曾国藩的人才思想对于扭转当时的官场和军旅风气起到了很大的作用。蒋廷黻指出："同光年间督抚中，凡出身曾文正幕府者，操守政绩多较他途为优。"⑥这与晚清时期其他人才群体形成了鲜明对比。然而，过于偏重德行也难免遗漏和错失一些可用之才，但这一缺陷并不影响曾国藩人才思想的整体价值和意义。

曾国藩深谙人才培养之道，认为优秀人才并非天生，而是通过后天的培养

---

① 曾国藩. 曾国藩全集·家书[M]. 长沙：岳麓书社，1985：356.

② 曾国藩. 曾国藩全集·书信：二[M]. 长沙：岳麓书社，2011：664.

③ 朱东安. 曾国藩传[M]. 天津：百花文艺出版社，2001：401.

④ 曾国藩. 增补曾胡治兵语录·将材：一[M]. 长沙：岳麓书社，2011：216.

⑤ 曾国藩. 曾国藩全集·诗文[M]. 长沙：岳麓书社，1986：392－393.

⑥ 蒋廷黻. 中国近代史[M]. 上海：上海古籍出版社，2004：72.

和锻炼所造就。他引用古语“山不能为大匠别生奇木，天亦不能为贤主更出异人”[1]来强调这一点，并指出在芸芸众生中，“上智”与“下愚”者均属少数，而“中才”才是多数。这些“中才”如同可塑之材，能够“导之东而东，导之西而西；习于善而善，习于恶而恶”，[2]这正是教育所应承担的职责。曾国藩认为，治政者应认识到“天下无现成之人才，亦无生知之卓识，大抵皆由勉强磨炼而出”，[3]因此他强调“人才以陶冶而成”，不可因眼界过高而忽视可用之才，而应“姑节取其次，以待徐徐教育可也”。[4] 他将教育视为培养人才的重要途径，认为这既是“圣人之道”的本义，也是“督抚之道”的要诀。他提道：“思古圣人之道莫大于与人为善。以言诲人，是以善教人也；以德薰人，是以善养人也，皆与人为善之事也。”[5]同时，他也将治政之关键归结为“一在树人，一在立法”，并指出“树人之道有二：一曰知人善任，一曰陶熔造就”[6]，而陶熔造就的关键则在于殷勤教化、反复训砺。在曾国藩的人才理论中，“培养之方”和“教化”尤其是“勤教”之功占据了重要地位。他强调“教者，诲人以善而导之，以其所不能也；化者，率之以躬，而使其相从于不自知也”[7]。他一生好为人师、勤于督教，将“宏奖人才，诱人日进”[8]视为自己的乐趣之一。他的幕府便是他培养人才的“大学校”，通过课读、历练和言传身教等多种途径来造就人才。曾国藩对幕僚们要求严格，不仅要求他们勤于任事、恪尽职守，更要求他们勤于学习、有所专攻。他亲自出题、亲阅试卷，进行定期考试，还写有《劝诫委员四条》来规范他们的行为。

对于身边的幕僚，他通过谈心、定期考核等方式加以调教；对于不在身边的幕僚，则以书信、批牍或定期接见的方法来开导启迪。他的这种“有师弟课督之风，有父兄期望之意”的教育方式，使得幕府中人才辈出。对于武将，曾国藩同样极尽“殷勤训励”之能，通过接见面谈和书信往还等方式，对部将进行辅导训诲。他在给皇帝的奏折中自豪地提到，自己对于来谒的将领都立时接见，谆谆训诲，上劝忠勤以报国，下戒骚扰以保民，使得各将士都对他怀有家人父子般的

---

① 赵烈文.能静居日记：第四册[M].长沙：岳麓书社，2013：1100.
② 曾国藩.曾国藩全集·诗文[M].长沙：岳麓书社，1986：268.
③ 曾国藩.曾国藩全集·诗文[M].长沙：岳麓书社，1986：441.
④ 曾国藩.曾国藩全集·日记：(一)[M].长沙：岳麓书社，1987：153.
⑤ 曾国藩.曾国藩全集·日记：(二)[M].长沙：岳麓书社，1988：851－852.
⑥ 曾国藩.曾国藩全集·日记：(一)[M].长沙：岳麓书社，1987：417.
⑦ 曾国藩.曾国藩全集·日记：(一)[M].长沙：岳麓书社，1987：516.
⑧ 曾国藩.曾国藩全集·日记：(一)[M].长沙：岳麓书社，1987：432.

情感。曾国藩在人才培养方面取得了非凡的成就,他的幕僚中人才济济,佐幕人物达到500余人,其中官至督抚者就有26人。这一成绩与他的育才理念与实践密不可分。

他的幕府和军营成了人才培养的摇篮,通过历练和悉心教导,造就了一批批杰出的人才。如李鸿章等人在他的悉心栽培下,逐渐成长为国家的栋梁之材。吴汝纶在比较曾国藩与李鸿章幕府时指出,曾国藩每办一事都详告事由,命诸同人各拟一稿以进,择其最善者用之,并遍告众人某君文佳。这种教育方式使得人们争相自我琢磨,事理愈细,文思亦愈精。而李鸿章则不然,他每办一事都必出己意,合其意者用之,不合其意者摈之,无讨论无切磋,导致人们争相揣摩其意而文思日隘。这一比较也从一个侧面反映了曾国藩在人才培养方面的卓越成就。张文虎也感慨道:"所历山川地理之形胜,馈饷之难易、军情之离合、寇形之盛衰变幻,与凡大帅所措施,莫不洞悉之。而蕴蓄于中久,及其措之裕如,固不啻取怀而予。故造就人才,莫要于此。"①这也进一步印证了曾国藩在人才培养方面的卓越贡献和深远影响。

曾国藩深知治国的关键在于爱民,而爱民的首要任务是察吏。他认为:"为治首务爱民,爱民必先察吏,察吏要在知人,知人必慎于听言。"②这一观点体现了他对人才选拔和任用的高度重视。他坚信,世间并不缺乏人才,关键在于能否正确地识别和使用他们:"世不患无才,患用才者不能器使适宜。"③曾国藩不仅努力访求人才,更致力于殷勤培养,使他们能够充分发挥自己的才能。他对兵事、饷事、吏事、文事等各方面有专长的人才都给予充分的关注和任用。这种识人用人的能力得到了时人和后人的高度评价,俞樾就曾称赞他"尤善相士,所识拔者若名臣名将,殆不胜指"④。尽管有假借其名义的相书《冰鉴》在坊间流传,但曾国藩识才用才的真正秘诀在于他的综合考察和深入分析。曾国藩在选拔和使用人才时,特别注重基层经验,如地方州县官员和军旅营哨人员。他通过认真观察这些人的言谈举止,形成对他们的初步判断,并决定今后对他们的提拔与使用。即使在政务和军务繁忙之际,他都会抽出时间接见部属和普通士子、兵卒,并在日记中简要记录他们的家庭状况、任职经历、身材长相、性格特点

① 张文虎.覆瓿集·杂著:乙编上[M].光绪十五年刻本:7-8.

② 曾国藩.曾国藩全集·日记:(二)[M].长沙:岳麓书社,1988:738.

③ 曾国藩.曾国藩全集·诗文[M].长沙:岳麓书社,1986:381.

④ 俞樾.春在堂随笔[M].南京:江苏人民出版社,1984:1.

等，以备将来提拔使用。例如，他曾在日记中记录某人“十二都人，三十岁，其兄亦在王营，拙、直，长工之才”①，以及刘松山“七都山枣人，曾在季洪处当长夫……”②等详细情况，后来刘松山、刘锦棠叔侄都成为湘军后期名将。

曾国藩用才思想的要旨是强调“督责”，即明赏罚、严褒贬。他主张通过重赏来激励士气，通过严刑来惩罚逃兵和败将。他认为：“督责者，商鞅立木之法，孙子斩美人之意，所谓千金在前，猛虎在后也。”③同时，他也喜欢把识才用人比作种植作物：“甄别，则去其稂莠；保举，则犹灌溉也。”④在保举人才方面，他既注重德才又不拘一格，对真正的人才不吝赞词、不遗余力。他保举的塔齐布、胡林翼、左宗棠、李鸿章等人，都成了后来的名臣名将，不负厚望，卓有所成。然而，曾国藩对人才的保举和奖赏并非无条件。对于那些德才平庸或才高德薄之辈，他决不会轻易提拔使用。他对待各级部属的态度是严字当头，整肃法纪，赏罚严明。对于那些犯了严重错误的部属，他绝不留情、毫不手软。例如，在对待李元度的问题上，尽管他们有着很深的私交，但当李元度失守徽州、逗留不归，后又欲改换门庭投奔王有龄时，曾国藩不惜对其一再参劾。曾国藩用才思想的最终目标是“转移风气”。他希望通过简拔人才来整顿吏治、刷新官风。他认为，风气转移的基础在士子，关键在官吏。因此，他致力于培养一批“好官”和“读书种子”，以引领社会风气。他谆谆告诫直隶士子：“若夫风气无常，随人事而变迁……”⑤并殷殷期望各级官员能够成为风气的引领者。正因为曾国藩在用人思想上志存高远、取法乎上，他才能够“变举世之风气，挽一时之浩劫”⑥，并有“薪尽火传”之效。后人也称赞他的政术和学术对朝野上下产生了深远的影响。这正是王夫之所言“能用人者，无敌于天下”⑦的最高境界。

三、“公以驭下”的治兵之道

曾国藩在军队管理和将领选拔上展现出了卓越的领导才能和深刻的洞察

---

① 曾国藩. 曾国藩全集·日记:(一)[M]. 长沙:岳麓书社,1987:299.
② 曾国藩. 曾国藩全集·日记[M]. 长沙:岳麓书社,1984:432.
③ 曾国藩. 曾国藩全集·日记:(一)[M]. 长沙:岳麓书社,1987:516.
④ 曾国藩. 曾国藩全集·奏稿:(第二册)[M]. 长沙:岳麓书社,1987:6.
⑤ 曾国藩. 曾国藩全集·日记[M]. 长沙:岳麓书社,1994:683.
⑥ 梁启超. 饮冰室合集·文集(第十三册)[M]. 上海:上海人民出版社,1984:709.
⑦ 王夫之. 船山全书:第10册[M]. 长沙:岳麓书社,1996:384.

力。他深知，军队的强盛关键在于将领的素质，因此他不拘一格地选拔人才，开创了士人领军的新局面。同时，他也非常注重将领的品德和作风，多次将“廉明勤俭”作为湘军将领带军、训练、管理的基本要求。曾国藩认为，将领必须真心实意地关心士兵，同时要有周密的计算和谋划能力。他强调：“军中须得好统领、营官。统领、营官须得好，真心实肠是第一义，算路程之远近，算粮仗之缺乏，算彼此之强弱是第二义，二者微有把握。”[①]这种对将领的严格要求，确保了湘军的凝聚力和战斗力。

在治军方面，曾国藩不仅注重将领的选拔，还非常注重军队的纪律和作风。他提出：“治营之要，不外公、明、勤三字。不公不明，则诸勇必不悦服；不勤，则营务巨细皆废弛不治，故第一要务在此。”[②]他要求将领们必须公正廉洁，勤勉尽责，以树立良好的军风。为了矫正军政和吏治中的不良风气，曾国藩与将士和官吏约法三章。他强调，将领们必须做到不骚扰百姓，才能杀敌制胜；官吏们必须做到不染坏习，才能洁己奉公。他以身作则，严格要求自己，并劝说僚属共同遵守这些原则。在《钦奉训饬懔遵复陈片》中，他明确表达了这一立场：“臣赋质迂拘，近年阅历渐多，窃见兵兴十载，而军政、吏治二者积习未改，甚或日趋日下，何以挽回劫运？是以痛心疾首，深自刻责。与将士约，先求勿扰百姓，然后能杀敌致果。与官吏约，先求勿染恶习，然后能洁己奉公。”[③]在军队经费管理上，曾国藩也展现出了独到的见解。他强调要节俭务实，避免浪费。在《严办土匪以靖地方折》中，他通过采集舆论、体察民情，调查了乡村团练的花费情况，并提倡采用符合民心的团练方式，以节俭经费。他提出：“近来博采舆论，体察民情，知乡团有多费钱文者，亦有不必多费钱文者。此不必多费钱文，民所乐从者也。”[④]这种节俭务实的作风，不仅提高了军队的战斗力，也赢得了民心。

此外，曾国藩还非常注重军队的求实求真精神。他强调用兵之要在于看重实力，而不倾向权贵、不争虚名。在《力辞节制浙省各官折》中，他对江北、皖南地区的文武官员进行了训诫；在《遵旨筹议停补额兵折》中，他直接指出：“庶几兵归实用，饷不虚靡。”[⑤]这些言论都体现了他对军队管理的求实求真态度。

---

① 曾国藩. 曾国藩全集・书信(八)[M]. 长沙：岳麓书社，1994：5746－5747.

② 曾国藩. 曾国藩全集・书信(一)[M]. 长沙：岳麓书社，1994：224.

③ 曾国藩. 曾国藩全集・奏折三[M]. 长沙：岳麓书社，2011：1597－1599.

④ 曾国藩. 曾文正公奏稿[M]. 李瀚章，编辑. 李鸿章，等校刊. 北京：中国致公出版社，2011：25.

⑤ 曾国藩. 曾文正公奏稿[M]. 李瀚章，编辑. 李鸿章，等校刊. 北京：中国致公出版社，2011：307.

在曾国藩的治军理念中，爱民与不扰民是紧密相连、不可分割的两个方面，尽管它们在实践中的侧重点有所不同。曾国藩深知湘军前身绿营兵勇扰民的弊端，因此多次向湘军将领强调这一原则。曾国藩认为，“设官养民、用兵卫民”是根本，官吏和兵将若不爱民，便是蠹虫和民贼。他明确指出：“凡设官所以养民，用兵所以卫民。官吏不爱民，是名蠹也；兵将不爱民，是民贼也。”为了阐述官民、兵民之间的正确关系，他进一步用家庭关系作比：“皇上譬如父母，带兵大员譬如管事之子，百姓譬如幼孩，州县譬如乳抱幼孩之仆媪。”他强调，若带兵者苛派州县，州县转嫁百姓，或带兵者轻视州县，不为民申冤，百姓都将受害。因此，他提出“爱民之道，必先顾惜州县”的观点。曾国藩不仅从理论上阐述爱民与不扰民的重要性，还通过历史正反两面的例子来佐证。他提到有的将领虽百战百胜，但因残害百姓而被千古唾骂；而有的将领虽争城夺地之功甚少，却因忠主爱民而被千古敬仰。他以此告诫将领：“为政首在爱民，不扰民乃爱民之要。”在实际操作中，曾国藩对将领提出了严格的要求。他强调将领的责任重大，营头的优劣全看管带之人。他要求将领勤以自励、廉以率下，并明确列出“禁洋烟、禁骚扰、戒晏起、勤操练”等四项禁令。对于打了胜仗的将领，他更是告诫其要严饬兵勇，无稍矜骄，约束兵勇不许妄取民间一草一木。曾国藩不仅要求将领不扰民，还要爱民。他多次告诫部下：“告戒三事：一曰不扰民，二曰不私斗，三曰不梗令。”他要求部队驻扎时要向兵勇明确要求“教之以爱民，爱民必先护其田庐”，行军时要“沿途禁止骚扰，常常存爱民之心”。他坦言自己“平日痛恶之事”就是“骚扰百姓”，并强调“用兵之道，总以不扰民为第一义”。对于那些不爱民甚至扰民的将领和兵勇，曾国藩是极其痛恨且绝不姑息的。他要求立即查明惩办扰民行为，并开单禀明。对于有功但扰民害民的将领，他也毫不手软，如成参将大吉因部卒滋扰而被查办。同时，他也告诫淮军名将刘铭传等要时刻以“廉俭”二字整躬驭下，苦口告诫不准扰民。然而，曾国藩对于爱民的将领和地方官员则不吝奖誉之辞。他夸赞鲍超“诚以爱民，谦以接物，公以驭下”，勉励黄元龄“以爱民为念”，并称其为“器识堪膺重寄”。他强调：“爱重百姓，如待家人。带兵者知爱民为先务，万善毕集矣。”

第三节　曾国藩家训修身立德之道

一、日记与修身进德

自明代以来，随着社会风气的逐渐颓废，儒生士人们开始积极探索有效的修身之道，旨在涵养道德、提升个人境界。在这一背景下，记日记作为一种“修身工夫”逐渐流行开来。宋明理学中已可见修身日记的踪迹，例如王阳明在“惜阴会”中便要求每位成员记录日记。这一传统在明末清初得到了显著的发展，日记的数量大幅增加，且部分日记规模宏大，如孙奇逢所著的《日谱》，该日记共三十二卷，详细记录了从顺治六年(1649 年)至康熙十四年(1675 年)长达二十七年的日常生活与心得。

明清时期的日记不仅用于记事明理，更是儒者们日常存养省察、自省进德的重要工具。例如，曾国藩常研读明代吴与弼的《日录》，吴与弼将其《日录》称为“日新簿”，强调“日夜痛自点检且不暇”。清代学者唐鉴亦坚持每夜记录“日省录”数条，这一做法深受曾国藩赞赏，并尝试效仿。《曾国藩日记》是这一时期日记修身的典范之作，展现了曾国藩严苛的自省与自我鞭策。他清晨未能早起便自责为“禽兽”，这种“不圣则狂，不上达则下达”的决绝态度，使他每日都有所进步，为其一生的事功奠定了坚实基础。

曾国藩的“自省工夫”不仅体现在个人修养上，更影响了他与同朝官员的关系，他能够以“反求诸己”的心态处理人际关系，精诚团结为朝廷效力。余英时先生在阅读《曾国藩日记》后指出，该日记“给人最深刻的印象是他从不间断的实践”，“《曾国藩日记》的作用主要在自警”。曾国藩通过日记进行自省，旨在转化和成就理想人格，这符合儒家的“为己之学”理念。

《曾国藩日记》中的“自省工夫”对后世产生了深远影响。近代的权贵政要、仁人志士以及青年学子多推崇曾国藩，甚至有人尊其为“圣贤”。其弟子李鸿章在事功上虽不输曾国藩，但在修身立德方面却自愧不如，坦言自己无法传承老师的读书写字之勤奋。

晚清民初诗坛耆宿郭曾炘在创作《邴庐日记》时，亦将“一省愆尤”作为日记四大宗旨之首，并借鉴了曾国藩的“譬如昨日死，譬如今日生”的遗言。梁启超对曾国藩的自省修身之道极为推崇，将其精要之言摘编成一书《曾文正公嘉言钞》。在序言中，梁启超总结道：“其一生得力在立志自拔于流俗，而困而知，而勉而行，历百千艰阻而不挫屈，不求近效，铢积寸累。受之以虚，将之以勤，植之以刚，贞之以恒，帅之以诚，勇猛精进，艰苦卓绝。”他认为《曾国藩日记》切于实际且亲切有味，是国人不可或缺的修身指南。

《曾国藩日记》按传统阴历纪日，主要分为“求阙斋日记”、“无慢室日记”和“绵绵穆穆之室日记”三种样式。从日记的命名中即可窥见曾国藩的自省与道德追求。其中，“求阙斋”寓意着主动寻求自身的不完美之处，以“守骏莫如跛”为座右铭，体现了曾国藩对人生圆满的理性认识和对自我完善的执着追求。而“无慢室”则是他警诫自己戒除怠慢之气的体现。至于“绵绵穆穆之室日记”，则在格式上更为特别，通过固定印制的制式簿册，每日记录十个方面的内容，并在最后一栏印有阐释“绵绵穆穆”之意的文字，以此提醒自己在动、静之间做到“戒惧”、“谨独”。

二、主静、月课、自讼、读书、联箴

曾国藩认为自省的前提是内心的平静，这与《大学》中的“静而后能安，安而后能虑，虑而后能得”相呼应。他追随朱子和大程夫子的教导，强调“静”字“工夫”，认为只有通过静坐，才能戒除浮躁，达到内心的宁静与自省。在青年时期，曾国藩便习熟了“静坐工夫”，并将其视为修身的重要一环。在实践中体会到了静坐带来的内心清明。

曾国藩重视与朋友的交往，通过会课的方式共同研习学问、互相规过。他与同乡同年定期进行月课交流，不仅当面指出彼此的缺陷不足，还公开日记供友人检视，接受外部监督。这种直截了当、入木三分的批评方式，非但没有让曾国藩恼怒不悦，反而成了他改过迁善的重要动力。他视益友为辅助自己修养品德的宝贵资源，将别人的批评视为药石之言。

在自讼方面，曾国藩将自己一分为二，通过内心的争辩达到改过迁善的目的。他深知自讼不易，但始终坚持通过日记记录自己的过失，并给自己记过定性。这种扪心自问、自我审判的方式，使他能够清晰地认识到“毋与君子斗名，毋与小人斗利”，并在日常生活中不断提醒自己保持高尚的品德。读书是曾国藩修身之道的另一重要组成部分。

他一生勤于读书，将读书视为人生三乐之首。无论是传统国学经典还是文学、书法、音律、地理等方面书籍，他都广泛涉猎。在读书过程中，他既注重慧心阅读、涵泳体悟，又强调自觉践履。通过读书，他不仅汲取了先贤的智慧，还不断反思自己的言行，力求做到见贤思齐、见不贤而内自省。联箴是融合楹联与箴言的复合文体，兼具对仗形式和训诫功能，作为清代士人常用的文体，也是曾国藩修身的重要手段之一。他通过撰写联语来自警自省，如“不为圣贤，便为禽兽；莫问收获，但问耕耘”等著名联语，既表达了自己在道德方面的追求，又体现了在事功方面的勤勉付出。这些联语不仅成了他个人的座右铭，也影响了后世许多人的修身实践。曾国藩的修身之道是一个系统性体系，它包括静坐以静心、会课以交友、自讼以改过、读书以明智以及联箴以自警等多个方面。这些实践活动相互关联、相互促进，共同构成了他独特的修身体系。

三、从内敛主静到刚健进取

曾国藩的修身哲学与宋明理学的“主敬”思想存在显著的区别，尤其是在对待“动”与“静”的态度上。宋明理学的修身传统中，部分流派存在过度强调静态内省、忽视实践行动的倾向（如静坐修心的极端化），但这一描述更贴近道家思想，与理学原典存在差异。然而，这种倾向并不符合曾国藩的修身理念。

曾国藩的修身之学更多地受到了湖湘学派王夫之等理论家的影响。王夫之曾明确指出：“致虚守静之学，以害人心至烈也。”他主张抛弃那种专注于静息修养的“主静之学”，而是提倡一种积极向上、充满活力的生活态度。王夫之认为，人们应该夙兴夜寐，振起精神，积极寻找并投身于各种事务之中。这种思想显然与曾国藩的人生哲学高度契合。在《曾国藩家书》中，曾国藩对修身的要求不仅限于内敛主静，而是更多地体现了激扬奋发、刚健进取的精神。这种精神也是曾国藩本人性格和为人处事方式的真实写照。他曾说：“男儿自立，必须有倔强之气。”[①]这句话不仅表达了他对男性自立自强的期望，更透露出他对于倔强品质的重视。

在曾国藩看来，无论是功业还是文章，都需要有“倔强之气”，否则就会显得

---

① 曾国藩. 曾国藩家书[M]. 北京：蓝天出版社，2006：107.

柔靡无力，难以成就一番事业。曾国藩一生都具有超强的毅力和刚强的性格。他的刚强不仅体现在行伍战阵中的愈挫愈奋、屡败屡战上，更表现在他对待一切事情上的刚健务实、兢兢业业上。他注重实际行动而非口头宣传，追求一种“拙诚”的处世之道。在遇到挫折时，他能够忍辱负重、坚毅沉着地面对逆境，并最终成就大事。

曾国藩的修身哲学与宋明理学的“主敬”思想存在明显差异。他更多地受到了湖湘学派经世传统及王夫之等唯物思想启发，主张刚健进取、经世致用的实践导向，并在家书中体现了激扬奋发、刚健进取的修身要求。这种精神不仅是他本人性格的写照，更是他一生追求和实践的核心理念。

四、在伦常日用中自我砥砺

曾国藩的修身哲学与实践理念，以“伦常日用”中的实践为核心，强调勤与俭的重要性，注重个人自我约束与慎独精神的培养，与宋明理学的高蹈空疏形成鲜明对比。

曾国藩的祖父所立的八字治家格言——“书、蔬、鱼、猪、早、扫、考、宝”，便是这一理念的生动写照。这八字格言不仅涵盖了读书学习与文化传承（“书”），还明确提出了物质生产劳动的要求，如种植蔬菜、养鱼、养猪（“蔬、鱼、猪”），以及日常生活的自我管理，如早起、打扫（“早、扫”），还有尊老敬祖、维护亲族邻里关系（“考、宝”）。这些具体而微的要求，使得曾氏修身学具有强烈的实践理性特征，避免了知识分子远离生产实践的弊端。

宋明理学对经典文本的侧重，可能使部分知识分子过度专注理论思辨，忽视了生产实践的重要性，而中国民间社会则奉行耕读传家的理念，这在一定程度上避免了理学部分流派对知识分子的负面影响。曾国藩治家格言中的八件事，每一件都是可以在日常生活中实践的修身要求，这种接地气的方式，使得曾氏修身学更加贴近实际，具有更强的可操作性。

在《曾国藩家书》中，曾国藩对子弟的修身要求，继承了其祖父治家规范中的实践理性特质。他提出了一系列具体要求，如遵守耕读家风，避免官气，要求子弟出入不得坐轿，不得让下人伺候，要参与拾柴收粪、学习农活等农业生产实践。这些要求不仅体现了对物质生产劳动的尊重，也培养了子弟的勤奋自律品质。

早起是曾国藩修身之道中的重要一环。他不仅在《曾国藩家书》中反复叮咛子弟要早起，自己也身体力行，一生坚持早起。他认为早起可以养勤，而勤作为底层劳动者的品质，在宋明儒学中往往容易被忽视。然而，在早期中国哲学传统中，墨家学派就曾着力强调“勤”作为修身原则的重要性。

曾国藩的修身之学，无疑是对古代先贤勤苦自律精神的继承与发扬。除了勤，俭也是曾氏修身学的核心要求。在给其弟的书信中，曾国藩明确表示，要想为先人留遗泽，为后人惜余福，除了勤俭二字，别无他法。他担忧子弟在安乐环境中养成骄奢淫逸之风，因此在治家中力戒奢靡，要求子弟保持勤俭朴素家风。勤俭不仅是必备的修身途径，也是培养克己自律进而养成“仁爱”“主敬”等德性提供基础。曾国藩的修身之学极重个人自我约束。

他一生都在监督自己的言行，不断警示和检讨自己，视慎独为修身第一自强之道。他的自律克己不仅对自己的胞弟子侄有示范作用，更带动了湖湘地区的风气改变，对后世产生了深远影响。近现代湖湘人物受地域文化中“经世致用”传统影响，与曾国藩的示范存在间接关联。

五、在慎独内省中迁善改过

慎独，作为儒家修身的重要“工夫”，最早由《礼记·中庸》提出“莫见乎隐，莫显乎微，故君子慎其独也”，后在《大学》中以“诚于中，形于外，故君子必慎其独也”强化实践逻辑。它要求人在独处时如处人前，通过内省实现诚实无欺、迁善改过，体现“不欺暗室”的自我约束境界。

儒家认为，通过持续的自我反省与迁善改过，个体能够逐渐达到心境清明、智慧增长的境界。晚清时期的理学名臣曾国藩，自视为儒家道统，尤其是程朱理学道统的继承者，对慎独内省的“工夫”有着深刻的体悟。他在给家人的书信中频繁提及“慎独”，并撰写了《君子慎独论》一文，专门探讨这一话题。文中指出：“慎独则心泰，……慎独者，遏欲不忽隐微，循理不间须臾，内省不疚，故心泰。”①

他认为，慎独是修德的首要且成效显著的“工夫”，通过治心、治身等日常实践改过迁善。慎独要求个体时刻遏制私欲，遵循礼法，注重在细微之处下功夫，

① 曾国藩. 曾国藩全集：第十四册[M]. 长沙：岳麓书社，2011：138.

以此实现内心的平和与坦荡。曾国藩进一步阐述了慎独基础上的改过迁善“工夫”，他通过日常修身实践（如写日记、主敬）来说明。他强调，修身养性、成德成圣是每个人的自我追求，外人无法强求。只有不做让自己内心感到惭愧自疚之事，内心才能保持平和与泰然。慎独不仅要求为善去恶、不自欺、不自疚，还需要在“诚”的基础上切实进行格物致知的“工夫”。他秉承《大学》和朱子格物致知之意旨，认为在日常生活中用心察识前言往行、检点行为细节是实现慎独的关键。

如果仅将慎独视为内心的“内照工夫”，而忽视在日常生活细节中去格物致知、在实际事业中去磨炼心志，则可能导致修身实践流于空泛。儒家传统中，朱熹强调“慎独”需结合“处幽之独”（独处自律）与“处众之独”（与人共处时的内心澄明），要求通过日常实践（如扫屋、习劳）实现内外贯通。部分学派认为，过度强调心体主导（如陆王心学的“致良知”）可能弱化“格物”对修身的辅助作用，从而令慎独的完整意涵未能充分彰显。

曾国藩一生志在做人，做孔孟儒家所谓的“圣贤君子”。他在慎独、克己、格物致知等方面切实践行，笃定不渝。他每天黎明即起，无论是处理事务、读书作文还是反省自己，都数十年如一日地坚持。他通过记日记的方式，细致记录每日的言行与念头，一旦发现不符合圣贤君子规范的行为或念头，都严格自我检讨，力图将私欲杂念消灭在萌芽状态。他通过艰苦卓绝的“慎独工夫”，实现了精神与人格的提升，成了一个集刚健有为、光明磊落、忠恕待人、至诚慎独等诸多优良品质于一身的儒家君子人格典范。

曾国藩通过慎独和克己修身，达到了儒家成德的化境，养成了中和纯粹、高尚澄明的圣贤君子人格。他的实践证明了“慎独工夫”在儒家修身中的重要性与价值。

第四节　曾国藩家训齐家治生之道

一、孝悌为本的传家之道

中国自古以来便倡导“百善孝为先”，将守孝道视为传统家庭教育的核心。曾国藩作为一代儒宗，深感孝悌之道对于家庭和睦的重要性，他强调只有崇尚并躬行孝悌的伦理准则，才能维系家庭的和谐与长盛不衰。“孝”在儒家传统中被定义为对父母的敬爱与赡养义务，同时包含谏诤长辈过错的伦理责任（《孝经》称“当不义，则子不可以不争于父”）。“悌”强调兄弟间“兄友弟恭”的等级秩序（《说文》释为“善兄弟也”）。

曾国藩以身作则，不仅在言行中展现对长辈的孝敬，更在教导子孙时强调这一美德。他在给儿子曾纪泽的信中写道：“君子之道，莫大乎与人为善，况兄弟乎?”这不仅是对兄弟之情的珍视，更是对孝悌精神的传承。曾国藩信奉儒家的仁爱学说，他引用孔子的“泛爱众而亲仁”和孟子的“爱人不亲反其仁”等言论，教导子弟要正确处理与家族成员的关系。他强调，无论宗族姻党之间是否存在嫌隙，都应一律以爱和敬相待。这种“老吾老，以及人之老；幼吾幼，以及人之幼”的推己及人精神，正是孝悌精神的体现，也是家庭和睦的基石。尽管曾国藩在青年时期便在官场上取得了巨大成功，但他始终保持着谦逊的态度，不以做官为第一志向。

他教导子弟说：“吾教诸弟及儿辈，但愿其为耕读孝友之家，不愿为仕宦之家。”①在他看来，孝道是处理好家庭内部关系的基础，是家庭和睦的保障，更是家族兴旺永续的根本。曾国藩深知家族传承之道，他推崇“耕读为本、孝友传家”。他认为，官宦之家往往只能传承一代便衰败，而商贾之家若勤俭则可延续三四代，耕读之家若谨朴则可延续五六代，唯有孝友之家才能绵延十代八代。作为家中的长子，曾国藩夫妇深知自己的示范作用，他们谨慎自律，为弟弟妹妹树立了良好的榜样。“孝悌”二字不仅包含着晚辈对长辈的尊敬与孝顺，也包含着年长者对年轻者的礼让与爱护。如“侍疾亲尝汤药”般对长辈的孝顺，以及“孔融让梨”般对幼者的爱护，都是孝悌精神的生动体现。曾国藩通过自身的践行与教导，将孝悌之道深深植根于家族之中，为后世的家族和谐与传承奠定了坚实的基础。

曾国藩高度重视孝道，认为孝悌之道在家族兴衰中扮演着比勤俭更为关键的角色。他提出的“三致祥”中，首要便是“孝致祥”，强调家族能否遵循“孝友”原则，是家族能否兴旺延续的根本所在。在他看来，家族若遵从“孝友”，则必能长久兴旺；反之，则易衰败。孝悌的践行程度是家族兴衰的显性指标。曾国藩深知，孝顺不仅仅是一种口头上的表达，更需要身体力行。尽管他常年身处异

① 曾国藩. 曾文正公家书[M]. 北京：线装书局，2015：139.

乡，但在孝顺父母长辈方面从未有丝毫懈怠。无论是在京城为官，还是后来征战沙场，他虽不能亲身侍奉双亲，但总是通过书信频繁询问家中情况，并叮嘱家人多来信报平安，不敢有丝毫疏忽。

他在书信中对长辈的关心无微不至，既体现在口头上，也体现在行动上。例如，在道光二十年十月(1840 年 11 月)回京述职时，他写给父母的信《禀父母》中，不仅详细描述了自己的行程和见闻，还将花费情况及其他琐事一一告知，以免父母担忧。他在书信中的问候语也极尽恭敬，如给父母的信开头总是“男国藩跪禀父亲大人母亲大人膝下”，结尾则用“谨此跪禀万福金安”；给祖父母的信则更为庄重，开头是“祖父母大人万福金安”，结尾则为“敬请祖父母大人万福金安，孙谨禀。”

曾国藩认为，孝顺长辈不应仅仅停留在物质层面的供给，更重要的是要竭尽全力给予长辈精神满足。他强调，如果只注重物质而忽视情感交流，即使条件再好，长辈也不会真正高兴，儿孙也不算尽到了孝道。这一点对于当今社会上一些以物质衡量孝道的观念具有深刻的启示意义。

曾国藩对长辈的孝顺不仅体现在言语和书信中，更体现在实际行动上。他在京城为官期间，虽然生活清贫，但得知母亲想要买一丫头时，他坚持从自己微薄的俸禄中凑钱支持；对于祖父母寿具上漆等琐碎事务，他也总是严格规定寿具维护要求。当得知父亲因劳累过度而生病，以及祖父年老病重时，他更是写信回家问候病情、请医问药，并恳请族弟代为照顾家中长辈，同时深深自责自己没有尽到儿子和孙子的责任与义务。

曾国藩不仅身体力行孝道，为子弟树立榜样，还在理论上将孝作为一门大学问进行深入探讨。他在道光二十三年(1843 年)写给弟弟们的家信中写道：“今人都将学问看错了。……绝大学问即在家庭日用之间。于孝悌两字上，尽一分便是一分学，尽十分便是十分学。”

他认为，孝悌之道与伦理纲纪之道同等重要，若违背孝悌之道，即使文章、学问再出色，也只能算是一个“名教中之罪人”。在儿子纪泽成亲时，曾国藩还在家书中反复强调新妇需遵“孝悌”，这充分体现了他对传承孝的家训文化的重视。曾国藩对孝道的理解深刻而独到，他不仅身体力行践行孝道，还通过家书等方式将孝的理念传授给后人，为家族乃至社会的和谐稳定作出了重要贡献。

《论语·子路》有云：“朋友切切偲偲，兄弟怡怡”，道出了朋友间应相互督促，而兄弟间则应谦逊和睦相处的真谛。在中国传统文化中，兄友弟恭被视为调节兄弟关系的核心伦理规范，其重要性不言而喻。曾国藩深刻洞察了兄弟和睦与家族兴亡之间的辩证关系，提出对诸弟应“爱之以德，不欲爱之以姑息”，强调若诸弟日后“丧德亏行”，则自己作为兄长难辞其咎。这一观点不仅体现了曾国藩对兄弟情谊的珍视，更彰显了他对家族兴衰的责任感。

在咸丰九年(1859年)，当曾国藩听闻三河惨败的消息后，他感到了家庭危机，在写给澄侯、沅甫、季洪的信中再次强调了“兄弟和睦”的重要性。他认为，兄弟和睦是挽回家运、传承家业的关键因素之一，并据此提出了“兄弟和，虽穷氓小户必兴；兄弟不和，虽世家宦族必败”的深刻见解。这一观点，无疑是对兄弟和睦重要性的高度概括和深刻阐述。曾国藩不仅认识到兄弟和睦对家族的重要性，更将其视为自己肩负的一项重任。

他认为，教育诸弟进德，不仅是对兄弟情谊的深化，更是尽孝的一种体现。他曾说：“余欲尽孝道，更无他事；我能教诸弟进德业一分，则我之孝有一分，能教诸弟进十分，则我之孝有十分。若作不能教弟成名，则我大不孝矣。”这番话，充分展现了曾国藩对孝道的深刻理解和对兄弟教育的高度重视。

然而，曾国藩对兄弟关系的理解并未止步于“兄友弟恭”。他认为，兄弟之间应“德业相劝，过失相规”，这样才能共同进步，避免隔阂。他在家信中写道：“兄以弟得坏名为忧，弟以兄得好名为快；兄不能使弟尽道得令名(维护良好声誉)，是兄之罪；弟不能使兄尽道得令名，是弟之罪。若各自如此存心，则亿万年无纤芥之嫌矣。”这番话，道出了兄弟之间应以“德业互勉、过失互规”的真谛。

正因为曾国藩如此崇尚“父慈子孝、兄友弟恭”的伦理准则，并切实做到、做好，曾氏家族才得以形成“妯娌及子侄辈，和睦异常，有姜被同眠之风，爱敬兼至”的和睦家风。这一家风的形成，不仅是对曾国藩个人品德的肯定，更是对他家族教育理念的传承和发扬。

二、克勤克俭的持家之道

曾国藩深刻认识到勤俭在个人、家庭乃至社会兴衰成败中的关键作用，将其视为中华民族传统伦理根基及家族先辈奉行的良好家风。他继承儒家传统，认为“历览有国有家之兴，皆由克勤克俭所致”[①]，强调勤劳不仅是家兴业旺的源

① 曾国藩文集·笔记二十七则[M]. 长沙：岳麓书社，1995：124.

泉,更是国富兵强的基石。

在他看来,留给子女富足财产不如培养其良好习惯,家败之因在于“奢”,因此他时时在家训中强调“俭”。为了营造勤劳的家庭氛围,曾国藩为家人立下规矩:男丁需“早起勤学、操习技术”;妇人则需“操持家务、日日不惰”。尽管子弟不必以劳动为生,他仍非常重视勤劳教育,尤其倡导半耕半读的生活方式,教导子弟除读书外,还需勤奋做好家务,如扫屋、抹桌凳、收粪及除草等,以保持勤劳品质。

翻阅《曾国藩家书》,随处可见他对勤俭的反复强调及对子女好习惯的谆谆教诲。勤俭不仅关乎物质财富的创造与积累,更对人的精神价值有重要培育作用。中国历代典籍如《左传》所载“民生在勤,勤则不匮”及“俭,德之共也;侈,恶之大也”,均强调了勤俭的重要性。更有“强本而节用,则天不能贫”及“侈而惰者贫,而力而俭者富”等论述,将勤俭与国运紧密相连,通过个体行为的积累影响群体道德,最终作用于国家治理,因此他认为国家兴亡与个人勤俭密切相关。

作为一代大儒,曾国藩从历代史实中深刻领悟勤俭的重要性。他不仅将勤俭视为培养个人精神风貌、延续家族兴旺的手段,更认为社会的和谐稳定与民众的勤俭意识息息相关。因此,他在写给家人的信件中,有很大一部分内容都是要求家人克勤克俭,以实际行动践行这一美德。

由此可见,勤俭在曾国藩的思想体系中占据着举足轻重的地位,是他治家、育人、治国理念的重要组成部分。

曾国藩引用古语“历览有国有家之兴,皆由克勤克俭所致。其衰也,则反是。”警示后人骄奢淫逸将招致家族败亡。在《抱朴子·广譬》中,“不惰者,众善之师也”的论述,进一步强化了勤的重要性,勤被视为个人进德修业、立身之本,是积极向上的生活态度和精神状态的体现。

曾国藩在家信中频繁强调勤俭,以此鞭策诸位弟弟和子女。他通过询问子女是否沾染贵公子习气、能否早起等问题,展现出对后辈生活习惯的深切关注,体现了长辈的关爱之情。他认为,勤是家族繁荣的基石,而早起则是勤之根本,“勤字功夫,第一贵早起,第二贵有恒”。他常以先辈勤劳事迹为榜样,向后辈子弟传递勤能兴家的理念。

同时,曾国藩也重视妇女在家族中的作用,认为妇女辛勤劳作是家族延续根基性作用的一部分。他强调,“历观古来世家长久者,男子须讲求耕读二事,妇女须讲求纺织酒食二事”。他要求家中妇女即使不擅长烹饪,也要常去厨房帮忙，并参与种菜、纺织等劳作。在祭祀时，更是由妻子率领女儿儿媳亲自完成。他还通过检验女儿和儿媳的纺织技术、通过纺织成果监督技术等方式，监督家中妇女的劳作情况。

此外，曾国藩还将习劳苦视为居家办事之本。他高度强调习劳习苦的重要性，认为艰苦环境能强身健体、磨炼筋骨，而"骄惰之气入膏肓，终致家族败落"。他甚至认为"习劳则神钦"，即习惯劳苦能赢得社会的尊重。他对子女、妻子乃至部下都有习劳苦的具体要求，如规定儿子每天必须完成看、读、写、作等任务，要求女儿掌握衣、食、粗工、细工等技能，并规定夫人每日纺棉纱的数量。在治军层面，曾国藩提出"治军以勤字为先"，要求士兵通过日常"习劳苦"（如忍饥耐寒、严格作息）积累耐力，并认为"平日即战时"。这种思想与其家训"总以习劳苦为第一要义"形成呼应，体现了"勤劳"品质在其军事与家族治理中的一致性。

曾国藩深知节俭对于家族兴旺的重要性，因此时常询问并考察家中子弟在"俭"字上的功夫与长进。他告诫子弟："俭字工夫，第一莫穿华丽衣服，第二莫多用仆婢雇工。"这一教导并非空谈，曾国藩在京为官二十年间，始终恪守孝友耕读家风，即便身居高位，其衣物简朴，价值不高。对于家中的红白喜事，曾国藩更是严格控制花销，规定子女婚嫁费用不得超过二百银，并每月严格核算收支以控制家庭支出，坚持只许剩余、不许超支的原则。他甚至提出，后辈应与勤俭孝友之家的子弟联姻，以避免沾染仕宦子弟的惰奢之气，其家教之严，可见一斑。

曾国藩常言："凡世家子弟，衣食起居无一不与寒士相同，庶可以成大器；若沾染富贵习气，则难望有成。"他多次提醒澄弟和沅弟要改正"能勤不能俭"的毛病，特别是批评澄弟"居家用费甚奢"，强调勤俭持家的传统不可废弃。他认为，"凡仕宦之家，由俭入奢易，由奢返俭难"，因此家族兴旺不在于官职高低或遗产多少，而在于子弟是否贤能。

他告诫儿子，家中不应积累过多钱财田地，而应专注于耕读，以免助长"骄气逸气"，导致家族衰败。

然而，尽管对自己及家人要求严格，曾国藩对待乡邻却十分慷慨。他主张和睦乡邻，以谦敬之态相待，并提出了一系列处事原则，如恭敬款待来访的亲族邻里，有急必周济、有讼必排解、有喜必庆贺、有疾必问候、有丧必吊唁。在道光二十四年（1844 年）给祖父母的信中，他提到寄回家的一千两银子中，除了还债的六百两外，其余四百两均用于馈赠族戚中的贫穷者，并强调"分赠戚族最要紧”。正是在这种“孝友为先、克勤克俭”家训思想的指导下，曾氏家族在中国历史上成了难得一见的长盛之家。

曾国藩自幼养成勤俭节约的优良品德，在奢靡之风盛行的官场中仍能保持本色。他吃穿从简、节用爱民，不仅自己恪守节俭之道，还反复教育家人。

在给儿子曾纪鸿的信中，他写道：“余服官二十年，不敢稍染官宦气习，饮食起居，尚守严素家风，极俭可也，略丰可也，太丰则吾不敢也。”他用自己的从官经历告诫儿子要力戒骄奢、适度生活。

在考虑女儿的婚事时，曾国藩坚持不与骄奢人家结亲，认为“骄奢之家难以久远”。他深刻认识到骄奢的害处：“盖达官之子弟，听惯高议论，见惯大场面，往往轻慢师长、讥弹人短，所谓骄也。由骄而奢，而淫，而佚，以至于无恶不作，皆从骄字生出之弊。”因此，他苦口婆心地教导子女力戒骄奢，深知“由俭入奢易、由奢入俭难”的道理，以及骄奢对人心的腐蚀作用。他的教导（如耕读传家、勤俭持家等）为曾氏家族的代际延续提供了制度与文化基础，使其在近代社会变革中保持了相对稳定的发展。

曾国藩深谙家族传承之道，始终将耕读作为家族发展的基石，认为唯有如此，方能确保家族的长久兴盛。在传统社会中，耕读承载着特定的意义：耕，即从事农业劳动以自给自足；读，则是通过学习诗文礼仪来修身立德。曾国藩出身农家，后虽位极人臣，但他从未轻视体力劳动，反而强调耕与读必须并重。他认为，家族成员不仅要参与农活、承担家务，更要坚持读书学习，提升个人修养。他在家书中多次强调，无论何时何地，耕读都不可偏废，家中女性也应掌握做菜、纺织、缝补等家务技能，这些都是家族传承不可或缺的部分。

曾国藩将治家之道精炼为“书、蔬、鱼、猪、早、扫、考、宝”八字方针，这一方针不仅体现了他对农业生产的重视，更蕴含了深厚的文化意义。其中的“蔬、鱼、猪”反映了农村家庭的基本农业生产内容，而“早、扫”则体现了居家生活的勤劳与整洁。他在家书中多次提及，家中种蔬、养鱼、养猪等农业生产活动不可懈怠，这些都是家庭生机的体现，也是观测家庭兴衰的标志。尽管曾府这样的家庭本可不必依赖农业生产维持生计，但曾国藩仍坚持让家族成员参与农业生产，这并非出于物质需求，而是从精神价值上考虑。他希望通过这种方式，让子侄们认识劳动的本质和意义，避免陷入骄奢的生活态度。正如曾国藩研究者唐浩明所言，这种行为的价值主要体现在气氛、精神和观念意识上，其形而上的文化意义远超过形而下的物质层面。

曾国藩在给小儿子曾纪鸿的信中，更是明确表达了自己对子孙的期望："凡人多望子孙为大官，余不愿为大官，但愿为读书明理之君子。勤俭自持，习劳习苦，可以处乐，可以处约，此君子也。"他勉励子孙奋发读书，通过知识改变命运，并认为只要肯下功夫，任何地方都可以成为学习的场所。这种对读书和劳动的并重态度，正是曾国藩耕读传家思想的深刻体现。

三、广行善举的睦邻之道

曾国藩深谙邻里关系对于家庭和谐的重要性，他视之为家庭人际关系的自然延伸，并对此有着独到的见解与要求。他教导子弟，无论家境如何富贵，都应秉持以和为贵的原则，与邻居和睦相处，不可因富贵而轻慢近邻。他强调："富贵之家不可敬远亲而慢近邻也。我家初移富圫，不可轻慢近邻。酒饭宜松，礼貌宜恭，……除不管闲事、不帮官司外，有可行方便之处，亦无吝也。"[①]这不仅体现了曾国藩对邻里关系的重视，也展现了他对子弟品德修养的严格要求。

在实际生活中，曾国藩更是以身作则，通过具体事例来引导子弟正确处理邻里关系。当他的弟弟曾国潢在修新宅时因地界问题与邻居发生冲突时，他迅速介入，并引用康熙时期张英的诗句"一纸书来只为墙，让他三尺又何妨。万里长城今犹在，不见当年秦始皇"来劝诫弟弟。曾国潢父子在哥哥的教导下深感羞愧，主动将自家的地界后退三尺，而邻居见状也自觉退让，一场潜在的纷争得以和平解决，邻里关系也因此更加和睦。

除了要求子弟与邻居和睦相处外，曾国藩还积极倡导为邻里乡亲提供实际帮助。他提出："拟置义田，以赡救孟学公以下贫民，又为本境置义田，以赡救二十四都贫农。"[②]这一举措不仅体现了他的仁爱之心，也为当地的贫困百姓带来了实实在在的帮助。

同时，他还告诫家人在帮助邻居和乡亲时，要秉持公正无私的原则，不能占他们的便宜，这一做法提升了家族声望并赢得了邻里乡亲的尊敬。

曾国藩作为儒家思想的践行者，将仁的理念融入家庭教育和日常生活中。他告诫家人和后嗣，主张以仁爱精神对待他人，反对骄奢习气，这一行为体现了古代儒家"仁者爱人"的精神内核，是"推己及人"的仁爱实践。

---

① 曾国藩. 曾国藩全集·家书(二)[M]. 长沙：岳麓书社，1985：1303.

② 曾国藩. 曾国藩全集·家书(一)[M]. 长沙：岳麓书社，1985：194.

曾国藩家庭用度简朴，却以俸禄接济乡邻，多次散资财、捐义田来接济家乡的穷苦百姓，展现了其深厚的仁爱之心。在自律方面，曾国藩同样身体力行。他教导家人宁可吃亏、切勿争利，以免给人留下欺压劳苦百姓的印象。他在书信中明确表示："我家既为乡绅……即本家有事，情愿吃亏，万不可与人构讼，令官长疑为倚势凌人。"[①]这一言论不仅体现了曾国藩家训中严于自律的态度，更彰显了他作为乡绅的谦逊与担当。

为了进一步将"仁者爱人"的价值付诸实践，曾国藩家训还教导子弟家人在社会交往和邻里生活中主张谦和处世，避免争端。他特别强调，为官之人及其家人更不能与人有争讼，以免在不明真相的人看来是"仗势欺人"。曾国藩自己便秉承不与人构讼的理念，多次在家书中提醒家人："吾辈在自修处求强可，在胜人处求强则不可。"[②]这一思想并非懦弱和毫无原则，而是一种极端的自律精神，它贯彻了儒家"仁者爱人"的理念，体现了曾国藩对儒家伦理的深刻理解和实践。

曾国藩在家庭教育中，尤为重视邻里关系的处理，他引用了李申夫之母的话来告诫儿子："有钱有酒款待远亲，火烧盗抢喊四邻，戒富贵之家不可敬远亲而慢近邻也"并进一步强调"不可亲慢近邻，酒饭宜松，礼貌宜恭"。这句话深刻揭示了富贵之家在处理亲邻关系时易犯的偏见，即往往对远亲客气而对近邻怠慢，从而可能失去民心与口碑。

曾国藩强调，作为官宦之家，更应善待邻居，这不仅关乎个人品德，也关乎家族声誉。他教导儿子，对待邻居要有原则地保持热心与帮助，但同时也要避免无谓地介入闲事或官司，这样的做法对邻居和自家都是有益的。这一观点深受传统儒学中庸思想及"以和为贵"理念的影响，体现了中国人历来重视邻里和睦，如"和气生财""睦邻为宝"等传统智慧。

在曾国藩看来，"睦"不仅指家庭内部"兄友弟恭"的和睦关系也是践行睦邻思想的前提，这是与邻居保持良好关系的基础，也是促进邻里和谐的关键；同时，"睦"也指邻里之间的和睦相处，这是保证家庭兴旺昌盛和人际关系和谐的重要保障。他自身就特别崇尚睦邻思想，并在家训中加以体现，将这种传统而具有现实意义的睦邻思想传授给后人。曾国藩主张邻里之间应多走动以巩固感情，即使家族间存在矛盾，子孙后代也应努力和睦相处。然而，他的睦邻思想

---

① 曾国藩.曾国藩全集[M].长沙：岳麓书社，2008：10.

② 曾国藩.曾国藩全集[M].长沙：岳麓书社，2008：317.

八本堂横匾

1861年(咸丰十一年),曾国藩率领湘军驻扎祁门,与太平军交战激烈,眼看危险加剧,生死存亡,恐难支持,他抱着以身殉国的决心,将日记中写到的做人八本告知家人,也就是被后人悬于在“八本堂”横匾上的八句话:“读书以训诂为本,诗文以声调为本,事亲以得欢心为本,养生以少恼怒为本,立身以不妄语为本,居家以不晏起为本,居官以不要钱为本,行军以不扰民为本。”

“肃雍和鸣”石匾

“肃雍和鸣”出自《诗经·周颂·有瞽》中的“肃雍和鸣，先祖是听”，本为礼乐术语，指“礼乐庄敬”和谐。后世引申为家族内言语恭敬、相处融洽，成为宗法社会倡导孝悌的经典训谕。

并非无原则的盲目助人，而是有原则、有方法的。他明确指出，不应帮助邻里处理官司、私事或闲事，而是应通过物质上的接济来巩固和发展邻里关系的和谐度。他认为，如果自家生活条件过于优越，反而不利于邻里关系的和睦相处，因此将财物直接接济给邻居是一种可取的做法。

曾国藩主张爱敬戚族，善待邻里，以求家门祥和。他明确指出："宗族姻党……只宜一概爱之敬之。"①同时，他也告诫家人不可轻慢近邻，强调："不可轻慢近邻。"②在祖父星冈公治家八字诀中，他归纳出"宝"字诀，即"亲族邻里，遇事周旋，贺喜吊丧，问疾济急"。③

为了践行这一理念，曾国藩对家中子弟提出了具体的要求，以做到"和睦族邻"：首先，常往常来，莫失礼数。他教育家人应当常与戚族邻里往来走动，别太生疏。遇红白喜事时，应贺喜吊丧，送礼以表心意。他在家信中嘱咐弟弟："要感念亲族邻里的帮助照应，常常来往，不可太疏，大小喜事宜常送礼。"④其次，恭敬和气，不挟势凌人。随着曾家的兴盛，曾国藩常担心家人子弟变得骄佚，轻慢亲族邻里。他告诫家人："老亲旧眷，贫贱族党，不可怠慢。"⑤当曾家人移居富圫时，他特别嘱咐："我家初移富圫，不可轻慢近邻，酒饭宜松，礼貌宜恭。"⑥最后，相互关心，相扶相助。曾国藩追慕祖父"矜恤族邻、救难济急"⑦的仁德，对亲族邻里多有周旋扶助之善举。

他虽久宦在外，仍不忘关心亲族邻里的情况，希望家人能在家信中提及。若亲族邻里遇难有急，则尽力相助。他常将银钱馈赠给族戚，或为还恩酬情，或为济困解急，起到了恤宗族、睦邻里的效果。在自家内则要求省俭，但在馈赠族邻时则毫不吝惜，正如颜之推所言："施而不奢，俭而不吝"。⑧

---

① 曾国藩. 曾文正公家书[M]. 北京：线装书局，2012：121.
② 曾国藩. 曾文正公家书[M]. 北京：线装书局，2012：430.
③ 曾国藩. 曾文正公家书[M]. 北京：线装书局，2012：255.
④ 曾国藩. 曾文正公家书[M]. 北京：线装书局，2012：132.
⑤ 曾国藩. 曾文正公家书[M]. 北京：线装书局，2012：313.
⑥ 曾国藩. 曾文正公家书[M]. 北京：线装书局，2012：430.
⑦ 曾国藩. 曾文正公家书[M]. 北京：线装书局，2012：3.
⑧ 颜之推. 颜氏家训[M]. 檀作文，译注. 北京：中华书局，2007：33.

曾纪泽行书团扇面

第五章　曾国藩家训立德树人之道的当代启示

当代社会在道德教育领域面临着诸多困境，如个人主义与工具理性的过度膨胀、道德教育权威的削弱、道德人格的扭曲以及传统教育模式的局限等。本章将以曾国藩家训立德树人之道为切入点，探讨如何化解这些困境。在官德修养方面，借鉴其官德准则、修养路径和方法，构建适应现代社会的官德体系；道德教育上，从内容、方法和体系三个层面汲取智慧，推动道德教育的创新与发展；读书治学领域，学习其树立正确目标、注重学识积累和培养良好阅读习惯的理念。通过对这些方面的深入分析，揭示曾国藩家训在当代的重要价值与启示，为解决当代社会问题提供传统智慧与思路，助力当代社会在道德建设、教育提升等方面实现新的突破与发展。

第一节　当代道德教育的困境

一、现代性与个人主义、工具理性

现代性的兴起标志着人类摆脱了对神的绝对依赖，转而肯定并高扬人的价值，这极大地维护了人的尊严与独立人格。然而，现代性的过度发展却带来了新的问题，使人们陷入了生存与发展另一种的困境。具体表现为：在成功征服自然的同时，生态环境遭到了严重破坏；在个体价值迅速提升的同时，人们越来越趋向于自我封闭；在物质欲望得到充分满足的同时，人们却陷入了精神的空虚与焦虑。这种个体与周围世界的脱节，催生了个人主义的盛行，个体开始倾向于将社会简单视为独立个体的集合，从而削弱了社会作为共同体的意义。

现代性极端发展的另一个显著特征是工具理性的过度张扬与价值理性的被忽视。现代性“在强调理性作用的同时导致了理性的分裂，使现代社会变成了理性的牢笼”①。工具理性的泛滥，不仅使得手段与目的的关系颠倒，目的失去了作为手段合法性的依据，道德或工具理性通过技术指标（如 KPI）取代了价值判断。正如西美尔所言：“我们复杂的生活技术迫使我们在手段之上建筑手段，直至手段应该服务的真正目标不断地退到意识的地平线上，并最终沉于地平线下。”②此外，工具理性还促使人们沉迷于物质欲望的追求，人与世界的关系因此发生了转变，世界的有用性价值超越了生命与物的自在价值，人的感觉惬意性成了衡量一切的标准。

随着工业化、市场化和世俗化进程的加速，个人主义和工具理性已经深深渗透到现代生活的每一个角落。在政治领域，这种思潮促使人们竞相追逐个人政治利益，严密的科层制之下，盲目追求行政管理效益的现象层出不穷，如政治管理过程中的去人性化与形式主义等。在这样的环境下，人们普遍缺乏内在的精神支撑和道德关怀，对各种关系都采取了一种道德中立的态度。由此，人的世界观逐渐转变为价值中立，道德良心也被无感情色彩的服从指令所取代。政治对道德的宰制进一步导致了道德的泛政治化，政治成了衡量社会生活和个体行为的主要标准，而道德教育的功能则逐渐衰退。

在经济领域，现代性的极端发展表现为个人主义和工具理性的盛行，它们驱使人们无休止地追求利益最大化，赋予了金钱、资本和权力以超乎寻常的魔力。这一过程中，道德教育的合理性在市场经济中逐渐被削弱。当人的理想被简化为对本能欲望的满足，人际关系转变为成本计算，拜物教成为生存方式时，市场经济在一定程度上沦为了实现个人功利的工具，展现出市场经济中工具理性扩张催生反道德倾向的趋势。经济对道德的僭越，导致人的主体性异化为自私自利，人成了获取利润的手段，而非享受生命的目的，传统的道德教育因此被掩盖。

在文化领域，现代性原本承诺引领文化向多元化发展，展现人的多重本性和自我价值。然而，个人主义和工具理性却通过“文化多元”的形式，实则满足了感官刺激和庸俗欲望的反复满足。商业运作逻辑下的单一同质文化元素，逐渐汇聚成束缚人性的文化枷锁，现代性的承诺因此走向了反面。个人主义和纯粹工具理性作为现代性极端发展的体现，已渗透到现代生活的各个层面，导致

① 王琦. 现代性的内在矛盾与现代化发展的动力和困境[J]. 齐鲁学刊，2010(04).
② [德]西美尔. 金钱、性别、现代生活风格[M]. 顾仁明译. 上海：学林出版社，2000：11.

道德教育全方位退场，使现代社会陷入亟待超越的困境。正马克斯·韦伯所言："我们这个时代，因为它所独有的理性化和理智化，最主要的是因为世界已被除魅，它的命运便是，那些终极的、最高贵的价值，已从公共生活中销声匿迹。"①现代性的极端发展还加剧了人的物欲和工具理性的膨胀，使得人们对当下的追求淹没了对历史和未来的思考，理想被欲望所取代。

个人理想和文化理想的失落，让现代人不再认为道德高尚的生活具有内在普遍价值，教育也因此失去了产生教育意义的文化价值基础。面对这一现状，社会渴望一种真正的"道德教育"，能够解放人的心灵，提升人的精神境界，引领人们走向崇高的善的生活。然而，现实中以支配、灌输、形塑为目的的规训，却不断彰显其"影响力"，磨灭了个体的自主精神。

二、个人主义的道德观念加速道德教育权威的式微

现代性自我观念，即个人主义的道德观念，其核心在于追求"自我"的充分自由与最大解放，将道德权利回归至个体层面。然而，当道德脱离了其固有的社会性，转变为个体自我经营的私事，且道德律令的合法性仅建立在自我判断之上时，道德教育便遭遇了前所未有的严峻挑战。

这一道德的"主体化"运动带来了深远的影响：一方面，它导致了个体与自我角色的分离。个体成了游离于所应承担角色之外的纯粹"我"，个体的道德责任与原本应扮演的角色责任因此割裂开来。在这样的背景下，"我"成了一个抽象的存在，道德也仅仅沦为空洞的"口号"或敷衍的"承诺"。另一方面，它引发了个体与道德共同体的疏离。个体自我与角色的分离，实质上否定了自我作为特定伦理共同体成员的存在维度，使个体成了一个超然的理性存在。然而，这种存在是抽象的、不现实的，它仅仅是人的一种幻想。

最终，当自我祛除了自身的伦理属性后，便开始陷入了道德多元和相对主义的困境之中。随着这一趋势的发展，非个人的、普遍而客观的道德标准逐渐被"自我"所取代，传统道德教育的权威也随之削弱。我们不得不正视的现实是：社会秩序不再被描绘为个体生活于其中并受其制约、为其作贡献的道德架构。

---

① ［德］马克斯·韦伯. 学术与政治：韦伯的两篇演说［M］. 冯克利译. 北京：生活·读书·新知三联书店，2005：48.

相反,“社会精英”更多地被突出他们在实际利益领域的“成功”,而不再是道德的典范。道德教育权威的式微正“日益深刻地危及现代人类的自我人格认同和道德价值认同。人们在凸显个体自我或追求自我实现的同时,也失去了正确认识自我和生活意义的有效方式。忽视了历史、社会文化或道德‘他者’的存在意义,自我的认识也失去了必要的参照和语境。”①

三、对工具理性崇拜导致道德人格的扭曲错位

工具理性的广泛渗透于社会政治、经济及文化领域,引发了一系列深刻的道德变迁。这一渗透过程不仅导致了道德属性在个体与社会组织中的逐渐消逝,还催生了生硬的权利、权力与利益之间的激烈博弈。随着道德教育权威的淡出,道德领域愈发显得空洞,仅剩下象征性的符号系统,这些系统虽表面维持着工具理性将道德简化为规则与惩罚的二元对立,却掩盖了道德相对主义和虚无主义的严峻现实。

这一趋势的最终结果是,人与人、人与世界之间的关系被简化为成本计算的冰冷逻辑,道德的内在力量被不断削弱。具体而言,工具理性的过度张扬首先改变了道德的本质追求。它促使道德从对彼岸世界的崇高向往转变为对此岸世界的纯粹现世关注,抽离了道德原有的形而上学深度,将道德理想降格为欲望的满足。在这个过程中,道德规范逐渐转变为确保个体在日常享乐中互不侵犯的生存法则,人们对“底线伦理”的共识取代了对更高道德境界的向往和追求,从而导致道德的神圣感和教育使命感显著减弱。

此外,现代性自我观念的形成进一步加剧了道德领域的混乱。在“价值多元”的旗号下,道德评价变得模糊不清,行为的合法性和正当性更多地依赖于个体的主观判断,而非普遍的价值标准。这种纯粹感性的道德取向导致了道德视域的分裂,使得不同价值标准下的道德行为得到截然不同的评价,“高尚”也因此失去了其原有的魅力。

面对日益增多的非道德行为,公众从最初的愤怒逐渐转变为麻木,理性思考的空间被不断挤压。道德共识的瓦解,使得个体对自身行为的道德责任感日益淡薄,同时,道德评价标准的错位也导致了社会舆论导向的偏离,进而削弱了

① 万俊人. 寻求普世伦理[M]. 北京:商务印书馆,2001:140.

社会道德控制的有效性。

在现代性不断推进的历程中，传统道德所承载的道德价值本体及促进个体精神超越的内在机制，已遭受严重冲击，变得支离破碎。工具理性与个人主义的盛行，不断侵蚀着人的道德情感，瓦解着道德思维，削弱着道德意志，进而引发了一系列深刻的道德变迁。一方面，个体开始主动排斥外在的道德约束，转而依赖快乐、消费等手段来填补精神世界的空虚。面对众多沉迷于物质追求与欲望满足的“寻梦者”，理性和道德似乎显得力不从心，难以发挥应有的引导作用。一旦人们丧失了对道德生活的信任，拒绝接受普遍性的道德伦理，传统的价值观念和行为标准便失去了原有的影响力和约束力，导致人们对生命的意义产生深深的迷茫与恐慌。另一方面，当人的本能欲望挣脱了理性的束缚，而理性仅剩下工具理性的功能时，个体不可避免地陷入了自我分裂的困境。人们不再追求通过深刻的自我反省来净化心灵、提升人格，而是试图通过“调整”自我来适应这个日益扭曲的社会环境。

这种过度强调个体价值的自我观念急剧膨胀，极易导致道德人格的扭曲与异化。在这样的背景下，个体往往更容易被外在的诱惑所驱使，忽视了内在的道德追求与精神成长。

四、独白性道德教育传统对道德惰性的强化

独白性的道德教育模式，作为一种权威型的教育方式，其固有的局限性在于过度强调道德知识的纯粹占有和对道德指令的服从，从而抑制了主体的认知能力、反思能力和建构能力的发展。这种教育模式不仅使教育活动脱离了人的生活世界，还将个体从真实、具体的生活情境中抽离出来，进而导致了一种道德惰性的产生。这种道德惰性具体表现为道德认知与行为、道德教育与践履之间的深刻矛盾。它使得现代人在面对道德价值时普遍持怀疑态度，对于不履行道德义务的行为，人们不再感到良心上的“愧疚”，而是逐渐习惯于道德责任的冷漠与麻木。

从社会现实来看，善行与恶报的畸形逻辑进一步加剧了社会的道德心理负担，使得道德行为背负上了沉重的心理压力，人们在实际行动中往往更倾向于“利己”而远离道德。这一趋势的直接后果是道德的“虚化”与“伪化”。道德的“虚化”指的是道德规范被高高挂起，成为外在于人的虚无缥缈的教条，失去了

与人们日常生活的紧密联系;而道德的“伪化”则是指道德被主体工具化、手段化和形式化,仅仅成为口头上的宣誓和允诺,成为个人掩饰真实自我的面具。这种道德虚伪化的现象从根本上否定了道德的价值,摒弃了道德的真实性与导向性,导致在提倡道德、漠视道德与违背道德之间形成了一个混乱的现实状态。个体在主观上对抗教育实施后,往往陷入了一种道德迷失的困境,无法找到正确的道德方向。

第二节　道德教育困境的化解与曾国藩家训立德树人之道

一、重构现实性的道德教育权威

人的生存与发展是一个持续不断的过程,其间不仅伴随着新世界的创造与自我生成,还伴随着从动物性存在向人性存在的升华,这要求人们不仅要遵循自然生命的界限,更要追求一种超越性的意义。

人性的核心在于道德的存在,道德生成对于人的根本意义决定了道德教育的宗旨:引导个体自觉把握自身本质,创造人性展现的空间与条件,进而使个体实现应有的自为、自觉与自由状态。然而,在现代性背景下,传统道德教育已被规范道德所取代。这种转变将外在道德规范视为道德教育的核心,其功能在于促使人们广泛接受并成功内化这些规范。诚然,规范道德有其存在的合理性,但其缺陷亦不容忽视:首要问题在于对人的忽视,将道德教育异化为规训系统,忽视“主体间性”(哲学、社会学、心理学等领域的概念)的建构过程,将道德简化为单一的规则体系。

道德教育的实践往往演变为认知性的理性教育,忽视了丰富多变的现实生活,导致道德规范成为缺乏主体支撑的空洞说教或教条,从而逐渐削弱了道德原本具备的自律与自教的内在动力。

吉登斯说:“‘生存的孤立’并不是个体与他人的分离,而是与实践一种圆满惬意的存在经验所必需的道德源泉的分离。”[①]这种道德的源泉即是人之道德的存在。为了重建道德认同，构筑真正的道德共同体，我们必须重新审视并重构传统的道德教育，清晰界定人与人、人与自然、人与社会以及人与自我之间的关联。

在应对社会结构全面变迁的过程中，我们既要深入理解道德教育的历史脉络与现实环境，也要珍视传统道德教育中那些经过实践检验的基本理念、价值和精神内核。这些要素并不会因历史的流转而消逝，反而能在重构中焕发新的时代形式与内涵，展现出普遍的价值与意义。正如唐文明所言，传统具有源自本真的开放性，它是一部未竟的历史，一项持续进行的事业。因此，重构传统道德教育不仅遵循了道德教育自身发展的内在逻辑，也满足了现代道德教育发展的迫切需求。这一过程能够彰显道德教育的相对独立性，使其作为一股独立力量，积极介入社会运行与个体精神世界的构建，展现出其批判精神。然而，重构传统道德教育是一项复杂且长期的社会工程，它要求道德教育的理论体系与实践活动均致力于促进人的道德发展，肯定人的价值与生命意义，从而确保道德教育在现代社会中发挥积极作用。

道德的作用具有其固有的边界，并非无所不能。因此，重构传统道德教育，并非旨在简单地恢复传统道德的权威地位，也不是盲目地排斥传统道德规范，而是旨在恢复道德教育在道德生活中的本质意义，使之成为推动人自我提升的内在动力。

在现代社会，这种自我提升离不开道德规范的约束与引导。为了完善道德规范机制，我们需要加强其对社会舆论的引导，改善民风习俗，从而在约束人的同时促进人的全面发展。

此外，健全道德教育实施的方法机制同样重要，这需要我们推动传统道德教育从独白模式向对话模式转变，让主体在共享意义和基于理性秩序的自由选择中，实现道德价值的传递与认同。同时，我们应引导个体进行自我反思，通过深刻的审视来规范自身行为与动机，从而在精神世界中实现自我超越与心灵净化。

在构建道德教育发展的创新机制方面，我们需要在加强道德教育实施的环

① [英]安东尼·吉登斯. 现代性与自我认同：现代晚期的自我与社会. 赵旭东，方文译.[M]. 北京：生活·读书·新知三联书店，1998:9.

境建设、载体建设的基础上，将现代社会所倡导的平等、自由、民主等时代元素融入传统道德教育之中，从而丰富道德传统的内涵。这样一来，道德教育不仅将成为维护现存社会秩序的力量，更将成为一种积极的建构性力量，推动社会向前发展。

道德教育是一个基于个体与社会交往互动的过程，它旨在将一定的价值理念和道德规范有效地传递给个体，并内化为个体的内在品质。在普遍性认同的基础上，这些品质将最终通过外在行为表现出来。

道德教育的目的，在个人层面上，是心灵的涵养与精神的提升，是个体性向普遍性的升华，追求至高的善；在社会层面上，则是对人之精神世界的整体建构，旨在塑造和谐的精神共同体，实现社会的和谐。

在这样的道德教育下，个体将成为目的性的存在，而非仅仅作为手段；他们将归属于具有认同感的道德共同体，成为具体而非抽象的存在。最终，个体将以一种全面的方式占有自己的全面本质，而道德也将作为生活世界的构成性要素，深深地嵌入人们的生活实践之中。

二、遵循人性化的道德教育本位

道德的存在是人性本质的体现与证明，它深刻揭示了“人之所以为人”的精神内核。雅斯贝尔斯曾言：“人是精神，人之作为人的状况乃是一种精神状况。”“教育依从于某种既超越它而又是它的源泉的东西，即依存于精神世界的生活。”①这种精神存在不仅是人性特征的展现，更是道德教育所追求的终极目标——助人获得“人”的尊严与价值，引导个体自觉践行人的本质。

道德教育与人性紧密相连，其核心在于促进人的全面发展。正如杜威所强调的，道德教育不应孤立存在，而应与学生实际能力及社会需求相结合，成为实现社会行为的工具。他提出：“把道德教育与学生的现有能力与现实社会需要联系起来，把道德价值的社会标准用于学校工作的教材面，……凡是一种课程，都要看作是一种能使学生实现社会行为的工具。”②“将道德教育消纳于各科之中，使道德问题无所不在，才能真正达到道德教育的根本目的。”③这些观点与当

① [德]雅斯贝尔斯. 时代的精神状况. 王德峰译[M]. 上海：上海译文出版社，1997：76.
② [美]杜威. 德育原理. 张铭鼎译[M]. 北京：商务印书馆，1930：18.
③ 张静庐. 杜威、罗素讲演合刊[M]. 北京：商务印书馆，1930：78.

前高等教育思想体系中的理念不谋而合,主张以立德树人为根本,构建全方位育人体系,通过价值塑造引领课程内涵的拓展。

在此框架下,道德教育不应仅作为一门独立学科传授,而应深度融入各学科专业教学之中,形成以人为本的全方位教育模式。同时,道德教育的考核机制也需革新,既要考察政治立场与道德知识的正确性,更要重视道德实践的实际能力,确保道德教育能够精准对接人性需求,有效评估其针对性和成效性。

总而言之,道德教育是人性生成与呵护的过程,其本质在于创造并发展人性。我们必须坚守人性化的教育本位,满足个体自我肯定与自我发展的内在需求,通过道德教育不断呵护、充盈并发扬人性之光辉,最终实现人的全面发展与自我超越。

三、回归生活化的道德教育方法

道德教育与生活之间存在着深刻的内在联系,这种联系既体现在生活是道德教育的源泉与内容,也表现在道德教育本身就是生活的一种表现形式。道德涵养的实现,关键在于回归道德教育的生活本质,从交往的角度看,人的生活和生存方式离不开交往。

马克思的社会交往理论深刻揭示了人的“关系性”本质,以及交往的“交互性”特征。他认为,人只有在与他人的交往中,才能获得其实践性本质,成为现实的主体。同时,人的发展也取决于与之直接或间接交往的其他人的发展。交往不仅肯定了人在社会中的主体性地位,还奠定了人在获取其本质属性方面的基础。通过交往,个体能够超越自我界限,实现与他人、社会和世界的融合与相互理解。

生活,作为道德教育的起点和终点,是一个主体间性的世界,是人与他人共在的世界。它是在人的交往实践中生成的,是人自由自觉活动的产物。道德教育的发生基础正是这个交往实践的生活世界。生活不仅是个体道德和社会道德形成的原动力,构建了人与人之间的道德关系,而且道德教育本身虽然属于非日常生活世界,却以日常生活世界为基础。因此,道德教育向生活世界的回归,意味着将日常生活世界与非日常生活世界有机结合。

然而,人的交往方式和生活世界是一个不断动态发展、变化的过程,特别是在现代社会,交往主体个性化、交往方式间接化等特点愈发明显。因此,道德教育向日常生活世界的回归，必须立足于现实语境，与不断生成的交往实践生活世界保持"合拍性"，实现彼此呼应、共同成长的动态过程。

道德教育作为一项社会实践活动，其核心理念与实践路径紧密围绕人的生活世界展开。

一方面，道德教育需秉持主体间性的现代理念，这一理念根植于交往实践的内在属性，强调在交往生活中实现主体间关系的建构。它要求道德教育主体彼此承认、人格平等，共同体现共存共生的多主体性，以此肯定人的主体性，激发人的自觉性与能动性，促使个体成为自由自觉的活动主体。这一主体是处于社会历史进程中的具体、现实之人，通过与周围世界的对话与交流，不断展开一系列活动。另一方面，道德教育需深入生活世界，以生活为依托，以人为中心。

生活世界蕴含了对人的意义追求与价值实现的深切关怀。道德教育应根植于生活，使教育目标贴近生活，内容源自生活，方法融入生活。具体而言，就是将道德规范与价值观念转化为人们日常生活的实际需求，切实解答思想与现实问题，将人的生存状态由原子式提升至共生性。

道德教育并非凌驾于生活之上，或游离于生活之外，而是紧密围绕人的生活世界展开。为使人们认清现实生活的实然状态，并明晰道德生活的应然状态，引导现实生活并创造"可能性"的生活，道德教育需实现由封闭僵化向自由开放、由单一被动向多样自主的转变。

首先，道德教育应寓教于生活实践，让受教育者亲身体验道德教育的实践活动，感受道德生活的复杂、多样与多变，理解其内涵与目的，促进道德教育由外在影响转化为内在自觉。杜祥培指出："道德教育只有通过给个人做出道德决定的具体经验和道德推理技能的实践才能促进人的发展。"①这意味着要让受教育者逐步形成自己的现实社会认知与意义世界，实现道德教育由外而内、再由内而外的转化，最终将道德知识自觉转化为实际行动。

其次，建立形式多样的道德教育基地，如革命历史纪念馆、革命烈士陵园等教育基地，运用身边的人和事有效感染与教育人，引导受教育者修身养性，涵养品德，健全人格，追求明德至善。同时，创建特色鲜明的社会实践示范性基地，充分利用社区公共资源，定期安排受教育者参与丰富的道德实践活动。

道德教育生活化的转向，既具备坚实的学理基础，又面临紧迫的内在要求

---

① 杜祥培. 教育与人的发展[M]，北京：民族出版社，2005：125.

与现实需求。通过挖掘、优化与整合生活化的道德教育资源，引导现实生活对“善”的向往与对幸福的追求，道德教育方能摆脱空泛与理想化的“乌托邦”困境，实现真正的价值与实践意义。

四、建构主体性的道德教育图式

从文化到哲学的视角审视，道德教育尤为强调一个“化”的过程。此“化”的哲学意蕴，旨在通过人的内在实存发生根本性转变，进而达到存在的“真实”境界。这一转变的核心，在于触动并引发人的内在精神生活与情感生活的深刻变革，这构成了道德教育的本质特征。聚焦于道德教育的内在本质，主体性教育模式的构建需经历三个关键性的转变：

内化图式：道德自在向道德自觉的转化。内化，作为个体将外部事物转化为内部思维的过程，是接纳社会或群体规范，并将其融入个人人格的关键环节。道德内化，特指个体在环境熏陶、教育启迪、理性认知、情感共鸣及自愿接纳的共同作用下，将外在的道德准则逐步内化为自我内在的道德意识，并在实践中固化为稳定的内在精神特质的过程。

这一过程完美展现了“德教”与“德化”的和谐统一，既促进了个体智力的发展与道德知识的积累，又丰富了情感世界的体验，实现了情理交融、知行合一的境界。通过这一过程，个体形成了对外界适度的道德感知能力与恰当的道德行为能力，展现了基于个人生命独特性的道德风貌。

道德内化的旅程，是一条永无止境的“以德化人”之路，伴随着生命的延续而不断前行。在这一旅途中，个体道德内化呈现出“自在自发”与“自由自觉”两种范式。其中，“自在自发”的存在状态，通过基础性的、重复性的日常活动展现，它近乎自然，缺乏深入的“为什么”与“应如何”的思考维度，主要受制于重复性思维。

反映到道德教育领域，便形成了“自在自发”的道德教育模式，该模式强调道德知识的规范性、灌输性与重复性，依据传统道德规则、德育模式及给定的德育图式，进行自然而然的、不假思索的重复性道德教育实践。在此模式下，人们往往只关注道德教育“是什么”，而忽略了其背后的“为什么”与“应如何”，从而在某种程度上限制了道德教育的深度与广度。

在探讨道德教育的深化与发展时，我们呼唤一种全新的道德内化方式——

自由自觉的道德内化图式，这不仅是主体性道德教育的本质要求，也是推动个体道德成长与社会文明进步的关键。

我们并不否认自发性存在在道德行为中的基础性作用，正如重复性思维和重复性实践构成的自在自发式图式，对于个体生存和社会整体发展均具有重要意义。正如阿格尼丝·赫勒所言："人的生成（即他从缄默的类本质的提升，这一类本质在他出生时，像他的特性一样被授予他），始于他通过自己的活动而占有这一'自在的'对象化领域之时。这是人类文化的起点，是所有'自为的'对象化领域的基础和前提条件。"[①]然而，我们所强调的是，在道德教育领域，自由自觉的思维方式应被视为最本真的形态，它代表着一种高于自在自发式生存方式的高级存在状态。

从哲学视角来看，人的自由自觉的存在是通过创造性实践活动展现的真正意义上的人的存在形态，它代表着人类理想的生存状态。历代人们不断追求扬弃活动的自在自发性和异化受动性，旨在最大限度地发挥自由自觉性和创造性，彰显人的本质力量。因此，在道德教育层面，自由自觉的道德教育与自在自发的道德教育截然不同。前者不急于让受教育者接受既定的道德结论，而是注重道德教育思维活动的过程，强调道德内容的历史性和情境性，展现出更强的流动性和深度。它追求本质的自明性，力图透过道德表象把握更加本质的规定。

主体性道德教育的核心在于，引导人们内在地建立现代道德取向，从习惯和想当然的道德生活中解脱出来，形成自知、自主、自觉和主动的道德生活状态，并持续强化这种状态。这包括了对道德生活状态的持续体验和反省，以及在此基础上作出的决断和毅然决然的行动。通过这样的过程，人们不再满足于自在的道德"是什么"的教育图式，而是能够超越传统道德教育的"自在性"和"自发性"，以"为什么"和"应如何"的自觉态度来面对道德教育，实现个体道德成长的质的飞跃。

教育对象：客体向主体的转化。从哲学的视角来看，"人及其自由自觉的能动活动所表现出来的基本性质（属性）就是人的主体性。"[②]"个体的主体性和自

---

① [匈]阿格尼丝·赫勒．日常生活[M]．衣俊卿译．重庆：重庆出版社，1990：144．（仅讨论学术，不涉及其他）

② 韩庆祥．人学——人的问题的当代阐释[M]．昆明：云南人民出版社，2001：264．

我意识的生成或走向自觉，是现代性的本质规定性之一，是全部现代文化精神的基础和载体。”①主体性教育正是基于这一哲学认识，旨在发展学生的主体性，通过提升学生的主体意识和自我控制能力，培养其能动性、自主性和创造性。

这一过程不仅使学生具备自我教育、自我管理和自我完善的能力，更使他们成为教育活动和自我发展的主体。在具体操作层面，主体性教育要求采用“主体间性”的教育模式。主体间性，即两个或更多生命主体间的关系，超越了主体与客体的传统模式，进入了主体与主体的交互模式。它避免了单一主体性的局限，实现了交互主体性。

作为道德教育的发生形式，主体间性既追求个体自我发展与完善，又追求个体间生命的和谐与圆满。道德教育与主体间性之间存在同构关系，本质上是一种主体间性的活动。在道德教育过程中，教育者与受教育者都是鲜活的生命存在，是自觉的道德主体，拥有思想、情感和意志。这一过程不同于一般的认识或实践活动，它作用于人的心灵，需要心灵间的碰撞与交流。雅斯贝尔斯说过：“训练是一种心灵隔离的活动，教育则是人与人之间精神相契合，文化得以传递的活动。而人与人的交往是双方（我与你）的对话与敞亮……任何中断这种我和你的对话关系，均使人类萎缩。”②因此，道德教育是教育者与受教育者间相互作用、相互影响的过程，是双方情感交流、对话与精神相遇的关系活动。正如德国哲学家布伯所说：“人仅能凭借关系力量方可生存于精神。”③现代道德教育在发展学生个体主体道德意识的同时，应遵循主体间性原则，建立平等互动的交流关系，引导受教育者形成平等的交往观。

这样的道德教育才能真正促进学生的个体道德生命发展，走向“类生命”的理想境界，实现道德的澄明之境。这要求我们在教育价值取向上既尊重个体，又兼顾整体，建立一种全局与局部、长远与近期相协调的教育体系。

教育内容：道德知识向道德精神的转化。现代道德教育的核心挑战与关键词，不在于道德知识的构建，而在于对意义世界的创造，这一创造超越了道德精神及其系统本身，旨在扬弃现实世界中的世俗矛盾与冲突，追求生命的和谐状态。

---

① 衣俊卿. 大学使命与文化启蒙[M]. 哈尔滨：黑龙江大学出版社，2007：123.（仅讨论学术，不涉及其他）

② [德]卡尔·雅斯贝尔斯. 什么是教育[M]. 邹进译. 上海：生活·读书·新知，三联书店，1991：2.

③ [德]马丁·布伯著. 我与你[M]. 陈维纲译. 北京：生活·读书·新知三联书店，1986：57.

道德知识，尽管是道德生活不可或缺的组成部分，却远不能全面反映道德的本质与全貌。它更多地停留在表面，难以触及道德的本真核心。它“以意义的追求为向度，人文的解释、规定、评价既致力于自我领悟，又注重主体间的相互表达与理解，所谓明其意义(meaning)与得其意味(signficance)”。[1] 这些深刻而丰富的内涵，是单纯的道德知识教育所无法涵盖的。

道德知识与道德精神之间的关系，可以比作部分与整体。道德知识是道德精神的具体结晶，而道德精神则更为宽泛，它不仅是道德知识的源泉，还包含了创造新知识的动态历史过程。道德知识往往倾向于静态的逻辑分析，而道德精神则始终将人与人的创造性置于核心位置，是一个活生生的、不断发展的过程。

机械的道德知识教育之所以存在根本缺陷，是因为它割裂了道德知识与道德精神之间的内在联系，将僵化的、脱离道德精神母体的道德知识视为道德教育的唯一内容。这种教育方式过分强调道德知识的逻辑性和实证性，忽视了其思想性和创造性；过分看重道德知识的工具性和功利性，遮蔽了其文化性和精神性。因此，真正的道德教育应当超越单纯的知识传授，深入探索道德精神的意义世界，促进人的全面发展与生命和谐。

人的存在是多维需求的交织，不仅追求真理的探索，还以美、善等作为生活的理想，展现出对存在本质的深刻关怀。在道德领域，道德知识主要聚焦于道德规范本身，满足人们求善的渴望；而道德精神则涵盖了更为广泛的求真、趋善、向美的过程，以及多样化的终极关怀形式。因此，现代道德教育不应局限于道德知识的传授，而应是一种包含知识在内的全面道德精神教育。

道德精神教育的核心在于，通过道德精神的传承与启蒙，引导个体从自然、自发的道德生存状态提升至自由、自觉的状态。这一过程不仅促进个体道德能力、素质和精神境界的全面提升，还以创新的道德精神推动社会道德乃至整体社会的进步。

道德精神教育超越了具体道德知识和道德修养技能的传授，它是一场深入人心的精神革命。需要明确的是，强调道德教育从知识向精神的转变，并非否定道德知识教育的重要性。相反，道德知识教育是道德教育的基础与载体。然而，我们必须纠正一种常见误区，即将道德知识教育等同于道德教育本身，或在实施过程中忽视了道德精神的培育。这种舍本逐末的做法削弱了道德教育的

① 杨国荣. 思与所思——哲学的历史与历史中的哲学[M]. 北京：北京师范大学出版社，2006：272.

真正意义。实现这一转变的关键在于回归道德知识的本真，即在传授道德知识的同时，深入挖掘其背后的精神内涵与价值追求。通过这样的方式，道德教育才能真正成为一场触及灵魂、引领精神提升的深度旅程，而不仅仅是知识的堆砌与技能的训练。

在教育领域，尤其是自由教育的范畴内，知识的价值超越了实用性，其核心在于教育——即通过知识的传授，培育人的精神品格，丰富人的美好生活。“在教育中，特别是在自由教育中，知识的价值不是为了实用，而是为了教育，也就是说知识在关涉人的美好生活的过程中，培育人的精神品格。不管是哪一类型的知识，都具有这样的人格培养的力量，都应该具有这样的目的。”①

在中国传统文化中，儒家文化同样高度重视知识的道德教育作用。孔子通过“志于道，据于德，依于仁，游于艺”②的论述，强调了为学应以道德仁义为根本，而六艺之教则作为实现这一根本的途径。他进一步指出：“入其国，其教可知也。其为人也温柔敦厚，诗教也；疏通知远，书教也；广博易良，乐教也；洁净精微，易教也；恭俭庄敬，礼教也；属辞比事，春秋教也。”③儒家六艺虽包含知识技艺的内容，但其核心目的在于德行教养和教民化俗。

因此，人在文化实践和文化追求中，追求知识的根本动力并非其使用价值，而是知识本身所蕴含的道德教育意义。这种追求旨在通过道德知识的学习，实现整体精神的优秀与卓越，并逐步推动个人的道德自觉。在儒家看来，知识的真正价值在于其能够引领人们走向更高的道德境界，而不仅仅是作为实用的工具。

基于知识的教育本性，在道德教育过程中，我们应坚守以下核心理念：首先，道德教育应当是一种深刻的转化实践，旨在将道德知识转化为道德精神、道德理性以及个性化的道德品格。

在这一实践中，道德教育不仅仅是信息的传递，更是一种激励、唤醒、启迪与引导的过程，它激发个体内在的道德潜能，使道德知识的学习转变为一种精神成长的自我实践与自我教育。

道德教育通过其独特的力量，促使个体在道德知识的海洋中探索、领悟，并

---

① 金生鈜. 规训与教化[M]. 北京：科学技术出版社，2004：358.

② 南怀瑾. 论语别裁[M]. 上海：复旦大学出版社，2016：231.

③ [西汉]戴圣 编订. 礼记·经解[M]. 北京：中华书局，2017：125.

最终实现自我超越。其次,道德教育实践并非单向度的教育者行为,而是教育者与学习者之间交往性互动的产物。它既包括教育者的启迪、价值引导,也蕴含学习者的追求、希望、成长体验、经验重构、体悟与自我造就。

道德教育是一场引导与成长、启迪与追求之间的深刻对话,是双方共同参与的创造性过程。在这一过程中,教育者不再是单纯的知识传递者,而是学习者精神成长的伙伴与引导者;学习者也不再是被动接受的角色,而是主动探索、积极成长的主体。在这个意义上,道德知识的教育不仅仅是知识的传授,更是精神成长的引导性力量。这种力量的实现,关键在于学习者对于精神优秀与卓越的不懈追求与实现。

道德知识向道德精神的转化,正是学习者在教育者的引导下,通过自我实践、自我教育与自我超越,实现精神成长与道德境界提升的过程。这一过程不仅赋予了道德知识以生命与活力,更彰显了道德教育在促进个体全面发展中的重要作用。

第三节 曾国藩家训立德树人之道的当代启示

一、曾国藩家训官德修养之道的当代启示

(一) 曾国藩家训官德修养原则的当代启示

构建一套与市场经济环境相契合的新型官德准则体系,为党员干部树立清晰的道德标杆,这是当前官德修养与建设的先决条件。官德准则作为党员干部的基本道德规范,既体现鲜明的政治属性和人民性,又兼具原则统一性、历史继承性与时代创新性。

在中华历史长河中,尽管各朝各代对官德准则的表述各异,但官德作为历史传承的一部分,其中一些核心准则以不同形式被传承和发扬。中央党校王杰教授对古代官德修养进行了系统总结,他归纳出以下主要德目:即"即孝悌忠信、礼义廉耻、公畏镇勤(勤勉理政)、清俭和节、仁爱宽恕、平明志友、谦正忍敬、

直智实达、淡静藏谨、媪恭让学"①。

这些德目基本上展现了官员的道德风貌，构成了广义上的官德修养准则，可以说覆盖了社会公德与家庭伦理道德的基本要求。在官德修养中，上述四十字准则中的"清"、"廉"、"勤"、"谨"四字尤为关键，它们与曾国藩提出的"居官三鉴"相契合：清（廉）、慎（谦）、勤（劳）。这三点可视为狭义上的官德修养核心准则。

尽管曾国藩所秉持的传统官德准则在价值观、目标等方面与当代新官德存在显著差异，但其中的优秀品质，如清廉、谦逊、勤勉等，依然值得我们借鉴。

这些优秀官德可以通过新时代的精神进行阐释、转化、吸收和创新，赋予其新的内涵。具体而言，"清正廉洁、谦虚谨慎、勤政为民"这三条准则，不仅是当代市场经济环境下官德修养的主要标准，更是与当前反腐防腐工作紧密相连的为官准则，这些准则不仅为官员提供了行为指南，也为构建风清气正的政治生态奠定了坚实基础。

清廉正直的品质构成了官员道德修养的基石，其重要性不言而喻。习近平总书记指出："廉洁是领导干部的一项基本要求，是官德的主要内容，对于领导干部而言，官德与廉洁高度一致。讲官德必然要求讲廉洁，不廉洁就不可能有官德，这是古今如一的道理"②。他多次耐心地为干部剖析"三笔账"——利益、法纪与良心，以此教育并激励各级干部坚守官德底线，争做廉洁奉公的榜样。

各级党员干部若能批判性借鉴传统清廉思想，切实做到清廉正直，这不仅是党的生存之基，更是民心所向，国家繁荣的稳固基石。特别是在改革开放与市场经济蓬勃发展的当下，将清廉正直转化为党员干部的政治品格、履职底线与作风标尺，形成一股崇德尚廉的道德风尚、积极的舆论氛围、广泛的社会潮流与时代追求，方能达成"干部清正、政府清廉、政治清明"的崇高目标，确保党和国家永葆先进性和纯洁性。

基于此，习近平总书记反复广大党员干部必须"严于律己，廉洁奉公，一身正气，两袖清风，清清白白做'官'，堂堂正正做人，坚持高尚的精神追求，永葆共产党人的浩然正气。"③他同时强调："不要看到经商发财而感到怅然若失……如

① 王杰. 为官从政关键在德[N]. 光明日报，2011-11-24.

② 习近平. 用权讲官德交往有原则[J]. 求是，2004(19).

③ 习近平. 用权讲官德交往有原则[J]. 求是，2004(09).

果觉得当干部不合算，可以辞职去经商搞实业，但千万不要既想当官又想发财，还要利用手中权力谋取私利，官商结合必然导致官僚主义”①。

何为清廉，习近平总书记指出，“清廉要求党员干部清清白白做人、干干净净做事”②。领导干部在岗位上，既要“有所作为”，更要“清正廉洁”。他还为各级干部指引了实现廉洁从政的路径，强调关键在于树立坚定的马克思主义世界观、人生观、价值观，以及正确的权力观、地位观、利益观，夯实思想根基，筑起坚固的思想防线。通过深化党性教育与实践历练，党员干部能够筑牢信仰之基、补足精神之钙，自觉抵制物质利益诱惑与人情关系干扰，始终把践行党的宗旨、服务人民群众作为根本价值追求。

此外，值得一提的是，现代官德的清廉标准相较于曾国藩时期的“清”（廉）概念，进一步凸显“公正”的实践要求。公正与清廉一样，都是公权力运行的内在要求，共同构成了评价党员干部官德水平的双重标杆，也是民众衡量党员干部道德修养的关键指标之一。正因为公正承载着极高的道德价值，自古以来，它就被视为官德的核心准则。

在当前市场经济与政治民主的双重背景下，公正作为永恒的官德原则，其重要性愈发凸显，也愈发紧迫。因此，党员干部在提升官德修养的过程中，应持续强化公正廉明，力求做到执法严明、处事公正、为人正直、待人平等。面对物质、金钱等的诱惑以及黑恶势力的威胁，仍需坚守正义，不为所动，坚定不移地维护公正立场，以德修身、以德领才，以民众福祉为本，致力于国家的繁荣与人民的幸福。

谦谨是中国共产党长期秉承并不断发扬光大的官德准则。在加强官德修养的过程中，应继承发扬党的自我革命精神，在传统官德文化扬弃中筑牢谦虚谨慎、艰苦奋斗的思想根基，祛除骄傲与浮躁。

当前加强官德建设与反腐倡廉工作，需着重强调“慎初”“慎终”等原则：

一是，“慎初”。何为“慎初”？习近平总书记指出，“慎初”意味着在初涉权力、初担重任时，面对诱惑、考验，特别是那些隐藏于善意之下或伪装成礼物的贿赂，必须高度警觉，不可因“下不为例”的侥幸心理而轻易“笑纳”。面对各种诱惑与挑战，各级党员干部特别是领导干部，应转变观念，从“何必当初”的悔悟

① 廉政瞭望编辑．习近平的反腐观[J]．廉政瞭望，2012(12)．

② 习近平．认认真真学习老老实实做人干干净净干事[J]．党建，2008(06)．

转变为"何不慎初"的警觉，严格把控第一道防线。这意味着要严格自律，不取不义之财、不越雷池半步，始终珍视人民公仆的政治本色。珍视自己的身份、地位和形象，始终铭记人民公仆的角色定位。否则，一旦防线失守，私欲将如洪水猛兽般肆虐，可能导致无法挽回的错误。同时，也不能忽视"慎终"，以免临近退休或职业生涯尾声时功败垂成，晚节受损。应铭记"靡不有初，鲜克有终"的古训，时刻保持清醒，言行谨慎，坚守信念，警惕"59 岁现象"的陷阱。

二是，"慎微"。何为"慎微"？习近平总书记强调，"慎微"即从小事小节中加强修养，"勿以善小而不为，勿以恶小而为之"，防止小错积累引发质变。[①] 正如古人所言，千里之堤，溃于蚁穴；豆黍之微，亦能伤身；酒杯虽浅，亦可溺人。这不仅揭示了量变引发质变的深刻道理，也是腐败分子从忽视小节一步步走向深渊的惨痛教训。许多腐败案例证明，一些干部在觥筹交错间放松了警觉，在蝇头小利面前丢弃了原则，在声色犬马中丧失了尊严。因此，对领导干部而言，小事不可轻忽，小节更需谨守，这无疑是至理名言。广大党员干部一方面要明白千里之行始于足下，从小事做起，积小善成大德，于细微之处彰显精神风貌；另一方面要警惕千里之堤可能因蚁穴而溃，若不从小处着手防范，小节失守终将累及大德，最终可能导致无法挽回的后果。同时，党员干部可以借鉴曾国藩的"研幾"之功，即通过观察细微之处预见大事，及时防患于未然。

三是，"慎独"。"慎独"，意味着在无人监督下的每一刻，乃至心灵深处的瞬间闪念，都需秉持严谨自律，严密自我监督，坚守信念不动摇。独处时的言行举止，犹如一面明镜，映照出党员干部官德修养的内在功底与深浅。在锤炼官德的过程中，党员干部应秉持慎独原则与慎微要求，从细微之处着眼，从小事做起，不断精进官德，懂得"是非明于学习、境界升于自省、名节源于修养、腐败止于正气"的道理，矢志不渝地维护中国共产党党员的纯洁性。

四是，慎交友。领导干部应汲取曾国藩"择友则慎之又慎，……一生之成败，皆关乎朋友之贤否，不可不慎"的智慧，坚持社交讲原则，审慎交友，择善而从，以德相交，持续净化个人社交环境。应避免交友过滥、原则缺失、行为失范。应秉持"君子之交淡如水"的原则，远离酒肉朋友，更不可因私欲而依附权贵。时刻保持清醒，警惕"感情投资""权力寻租"陷阱。

勤政为民是官德建设的重要内容。党员干部在保持清正廉洁的同时，还应

① 习近平. 用权讲官德交往存原则[J]. 求是，2004：(19).

辩证看待曾国藩“勤勉”官德，以弘扬中国共产党“为民服务”的根本宗旨，传承中华优秀传统文化中“修身齐家治国平天下”的勤政理念，全心全意投入“为民服务”中，主动作为，切实解决民众所需，多做有益于群众的好事、实事。廉政与勤政对于党员干部而言是相辅相成、缺一不可的官德内容。

勤而不廉易招祸端，廉而不勤难成大事，不勤不廉更是遗患无穷。有这样一则寓言：一位官员去世后，在阴间向阎王自称在世时是位清官，虽无所建树，但廉洁自律，不贪不腐，无论走到哪里都是一杯清水，从无奢华之举。阎王听后大笑道，“若仅凭不贪便算好官，那堂上立个木偶，不饮不食，岂不比你更胜一筹?”这则寓言启示广大党员干部，为官者若缺乏勤勉与实干，纵使清廉如水，也不过勉强算个好人，难以称得上好官，这是古今共通的道理。

新时代，党员干部官德修养更加强调勤政的重要性，且更加注重务实精神与为民情怀。勤政须以务实为根基，不仅要扬弃曾国藩的勤勉精神，更要倡导脚踏实地的作风。那些热衷于打造“形象工程”“面子工程”的党员干部，表面上看似勤勉，实则极有可能只是为了个人政绩而粉饰门面，华而不实。他们有的虽终日奔波劳碌，却只为虚名所累。这种所谓的“勤”，非但不能彰显良好官德，反而会让人认为是好大喜功、追求虚名的表现。

那么，如何践行这一官德准则呢？习近平总书记提出了务实要求，分别是：“讲实情、出实招、办实事、求实效”。

“讲实情”，就是要敢于说真话、讲真理，在工作中客观、真实地报告情况，既不夸大其词，也不掩盖事实，为决策提供真实的信息支撑。

“出实招”，就是要根据实际情况制定工作策略，避免提出不切实际的口号或目标，不做形式主义工作。这要求党员干部必须实事求是，从实际出发，制定切实可行的工作计划和措施。

“办实事”，就是要从点滴入手，从具体事务做起，力戒“重痕迹轻实效”的形式主义和“脱离群众”的官僚主义，力戒空谈。这意味着党员干部需要深入基层，了解群众的实际需求，切实解决群众关心的问题。

“求实效”，就是要迅速行动、狠抓落实，一旦决定行动，就必须全力以赴，确保取得实实在在的成果。避免追求表面的光鲜亮丽，不做华而不实的表面文章。这就要求党员干部在工作中应注重结果，确保能为群众带来真正的实惠。为民办实事、求实效，最大的成效就是让广大群众真正受益、感到幸福。

综上所述，清正廉洁、谦虚谨慎、勤政为民三者相互支撑，共同构筑了当代官德标准的核心框架。这些标准既汲取了传统文化的智慧，又融入了新时代的价值观念；既借鉴了曾国藩“清慎勤”的官德精髓，又展现了与时俱进的创新精神。它们与习近平总书记反复强调的“为民服务、求真务实、清廉自守”的官德要求不谋而合，同时也满足了新时代的实际需要。

（二）曾国藩家训官德修养路径的当代启示

曾国藩的官德修养路径严格遵循了儒家经典《大学》中的“路线图”即“物格而后知至，知至而后意诚，意诚而后心正，心正而后身修，身修而后家齐，家齐而后国治，国治而后天下平。”①虽然后人对他镇压太平天国颇有争议，但曾国藩也算沿着这条“路线图”，在官德修养中一步步实现了修身、齐家、治国、平天下的个人人生理想。尽管这条“路线图”并不能够适用于每个人，但曾国藩官德修养思想中的“修、齐、治、平”路径，对于当代重视并加强官德修养、提升干部思想道德素质与防腐拒变能力进而促进党风、家风乃至社会风气的优化改善，确保国家长治久安，仍具有一定的参考价值。

借鉴曾国藩“修身、齐家、治国、平天下”的官德修养路径，在当代市场经济环境下，关键在于强化官德修养，致力于提升干部的思想道德水平和拒腐防变能力。尽管当前党的反腐倡廉工作已取得显著成效，但腐败现象在某些地区和部门仍未根除。大量事实表明，“打铁必须自身硬”，干部自身官德缺失是腐败发生的直接且根本原因。尽管当代公务人员与服务于封建秩序、镇压农民起义的曾国藩有本质区别，但他们的廉洁同样不是天生的，需要依靠自身的官德修养和自律。

研究表明，官德修养具有行为约束、自我纠错和自我完善的功能。党员干部需以“三严三实”为标尺，传承中华优秀传统文化中“修己以安百姓”的治理智慧，运用“四下基层”工作方法破解形式主义顽疾，通过“第一种形态”抓早抓小实现自我纠错。特别是在市场经济环境下，各级公务人员更应遵循习近平总书记一再强调的“严以修身、严以用权、严以律己，谋事要实、创业要实、做人要实”②的要求。这些要求是中国共产党党员最基本的政治品格和做人准则，也是党员、干部的修身之本、为政之道、成事之要。各级干部，特别是领导干部，应按

① 汪受宽，金良年．孝经·大学·中庸译注[M]．上海：上海古籍出版社，2012：95.

② 习近平．在参加十二届全国人大二次会议安徽代表团审议时的讲话[N]．人民日报，2014-03-10.

照“三严三实”的要求，深入学习、对照检查，努力成为人民的好干部。

借鉴曾国藩“修身、齐家、治国、平天下”的官德修养路径，各级干部绝不能自满懈怠，止步不前，而应当汲取曾国藩的“齐家”智慧，持续提官德修养，在强化家庭教育、树立清正家风方面下大功夫。

近年来，众多大案要案揭示了“一人当官全家涉腐，一人落马全家遭殃”的严峻现实，令人触目惊心。据统计，大部分高官腐败案与家庭成员密切相关，这些案件中子女亲属在领导干部滑向腐败堕落的过程中起到了推波助澜的作用。因此，在市场经济环境下，官德修养尤其需要注重家德家风的建设。家庭作为社会治理的基础单元，家风建设是涵养党风政风民风的治本之策。党员干部需以“廉洁齐家”为准则，通过“第一议题”学习制度深化家风认知，运用“第一种形态”抓早抓小防范家风异化。正如习近平总书记所指出的：“论时代发生多大变化，不论生活格局发生多大变化，我们都要重视家庭建设，注重家庭、注重家教、注重家风”①。

曾国藩的官德修养理念虽存在时代局限，但其家训实践为当代提供了治理参考，领导干部必须借鉴曾国藩修德齐家的经验，既要严格要求自己，又要加强对亲属和身边工作人员的教育和管束。回顾以毛泽东、周恩来为代表的老一辈革命家的家风，无论是家风的严格程度，还是约束的严密程度，都令人钦佩不已。例如，毛泽东在家风建设中提出“不为亲属谋私利”等原则：恋亲不为亲徇私，念旧不为旧谋利，济亲不为亲撑腰，并身体力行地带头遵守；周恩来为了管束好家人，特别制定了“十条家规”，严格要求身边的亲属。

习近平总书记在家风方面也十分严厉，他在担任地方领导时，无论到哪里工作，都曾反复告诫亲朋好友：“不能在我工作的地方从事任何商业活动，不能打我的旗号办任何事，否则别怪我六亲不认。”②展现了“公权姓公不姓私”的坚定立场。这一要求与廉洁理念一脉相承，为新时代干部提供了家风建设范本，使修德齐家的优良传统在市场经济环境中焕发出新的时代意义。

曾国藩的官德理念虽存在镇压太平天国等历史局限性，但其家训治理经验对当代仍有借鉴意义，可借鉴其“修身、齐家、治国、平天下”的官德修养路径，我们还需致力于官风引领民风的改善，力求实现党风与社会风气的持续净化，确

① 中共中央、国务院举行春节团拜会 习近平发表重要讲话的[N]. 人民日报，2015-02-18.

② 人民日报、评论部. 管好亲朋严防擅权干政[N]. 人民日报，2015-01-27.

保国家的长治久安。习近平总书记强调："'政者，正也。子帅以正，孰敢不正。'"①"官"作为人民的表率，其行为举止至关重要——为官者若自身端正，无需命令也能得到执行；反之，则虽有命令也难以服从。在全面、深入、持久地开展反腐败斗争的新形势下，各级公务人员，特别是领导干部，应秉持习近平总书记"正人必先正己，正己才能正人"的理念，曾国藩的官德思想植根于封建伦理体系，需结合新时代价值观批判性继承，借鉴他的官德修养之道，以身作则，努力成为品德高尚、有道德、有益于人民的好干部。同时，要实行层级管理，一级带一级，一级管一级，从严管理教育好部下。

综合来看，反腐败斗争需坚持"标本兼治"，通过制度约束与文化引导协同推进。"要坚定理想信念，加强道德养成，规范权力行使，培育优良作风，使各级干部自觉履行党章赋予的职责，严格按照党的原则和规矩办事。要坚持高标准、严要求选拔和管理干部，以严明的纪律约束干部，使干部心存敬畏、言有所戒、行有所止。"②此外，要加强治本工作，使党员、干部不仅不敢沾染歪风邪气，而且不能、不想沾染歪风邪气，从而实现党的作风的全面纯洁。这将进一步带动家风乃至社会风气的根本好转，最终赢得反腐败斗争的全面胜利，实现"干部清正、政府清廉、政治清明"的目标。

（三）曾国藩家训官德修养方法的当代启示

曾国藩的修身实践向我们揭示了一个道理：科学方法的运用是提升官德修养效能的重要因素。曾国藩是中国传统道德修养方法的集大成者，尽管其中存在历史局限性，如等级观念、纲常伦理等与当代价值观不符的内容，但若剔除这些糟粕，曾国藩所倡导的读书修德、见贤思齐、内省、"研幾"、慎独、践履、迁善改过等方法和途径，仍具有极高的借鉴价值。然而，党员干部在学习和借鉴这些方法时，不能简单地照搬照套，而应实行扬弃，与时俱进，不断创新修养方法。

具体而言，应实现"五个结合"：即将社会实践与读书学习相结合，个人品德修养与职业要求相结合，理论学习与实践锻炼相结合，自我反省与接受监督相结合，以及将继承传统与创新发展相结合。通过这样的结合，才能在新的时代背景下，更好地提升官德修养，实现个人与社会的共同进步。

一是，社会实践与读书学习相结合。曾国藩的读书修德方法，作为一种传

① 习近平. 用权讲官德交往有原则[J]. 求是，2004(19).

② 习近平. 在党的群众路线教育实践活动总结大会上的讲话[N]. 人民日报，2014-10-09.

统的修身途径，确实有其可借鉴之处。习近平总书记明确指出："我们国家历来讲究读书修身，从政以德。古人讲'读书即是立德'，说的都是这个道理"[①]。他还强调，在当代市场经济环境下，"要修炼道德操守，提炼从政道德境界，重要的途径就是加强学习，读书修德，并知行合一，付诸实践"[②]，真正让所学知识"入脑入心，沉淀在我们的血液里，融会到我们的从政行为中"[③]，从而实现修身慎行，怀德自重，清廉自守，永葆中国共产党党员的先进性。

然而，曾国藩的读书修德方法也存在局限性。他以"猛火煮""鸡伏卵"为喻的读书方法，虽强化了知识内化深度，但其修身体系未纳入"事上磨练"的社会实践环节。这一点，在学习和借鉴曾国藩读书修德方法时需要特别注意并加以改进的。当代干部教育需结合《2019—2023 年全国党员教育培训工作规划》要求的"蹲点调研""基层挂职'等实践机制，实现"读有字书"与"读无字书"的统一。党员需以《中国共产党党员教育管理工作条例》为遵循，在深入学习习近平新时代中国特色社会主义思想的基础上，投身乡村振兴、基层治理等实践场域，通过解决群众急难愁盼问题锤炼党性修养。如《周易·系辞下》所言"履，德之基也"，唯有在服务实践中践行初心使命，方能实现"政治合格、品德合格"的目标。基于唯物论"实践第一性"原则，官德修养须植根于社会实践。党员干部需通过基层治理、民生服务等具体工作（如乡村振兴产业规划），将"人民至上"价值理念转化为行动自觉。正如《礼记·学记》所言"玉不琢不成器"，道德品质的塑造离不开实践磨砺。同时，新时代官德要求超越传统伦理，需在法治实践中培育规则意识（如防范利益输送的制度化监督），实现德治与法治的统一。

在当前市场经济环境中，官德修养面临着新的要求，传统读书修身需与现代治理需求结合（如浙江推行"读书清单＋廉政自查"制度）。这要求干部教育应融入"长期主义"思维，避免急功近利，更要将其与社会实践深度融合，实现理论与实践的紧密联动。具体而言，就是要把所学知识紧密融入到个人的日常工作、业务实践之中，同时与党内政治生活准则的要求相一致，力求达到"学思用贯通、知信行统一"。在积极参与社会实践、改造客观世界的过程中，我们应勇于摒弃那些过时的思想、观念和习惯，不断促进自身主观世界的升华。同时，官

---

① 习近平．之江新语[M]．杭州．浙江人民出版社，2007：175.
② 习近平．之江新语[M]．杭州．浙江人民出版社，2007：113.
③ 同上.

德修养并不意味着放弃书本知识的学习。

刘少奇谈党性修养时曾强调，党员干部不仅要通过革命实践来锻炼自己，“而且要在学习马克思列宁主义理论的过程中改造自己，锻炼自己的无产阶级思想意识”。[①] 因此，我们要培养起良好的阅读习惯，多读好书、精读经典，让读书学习成为我们改造思想、提升修养的重要渠道，成为我们净化心灵、涵养高尚品德的有效工具。总而言之，在当代市场经济环境下，官德修养需统筹推进社会实践与理论学习，通过实践到认识、再由认识到实践的反复过程，不断锤炼和提升自身的官德品质，以期达到更高的道德境界。

二是，批评和自我批评相结合。批评与自我批评不仅是中国共产党历经岁月洗礼而愈发珍贵的传统瑰宝，也是当代市场经济大潮中强化官德修养不可或缺的党内政治生活的重要制度。它深深地与传统文化中的“反求诸己”精神（如曾国藩家训）存在逻辑呼应，但本质上是党的政治创新，并在此基础上实现了新的发展与超越。

习近平总书记曾精辟地阐述道：“批评和自我批评是解决党内矛盾的有力武器，也是保持党的肌体健康的有力武器。‘观于明镜，则瑕疵不滞于躯；听于直言，则过行不累乎身。’党内政治生活质量在相当程度上取决于这个武器用得怎么样。对批评和自我批评这个武器，我们要大胆使用、经常使用、用够用好，使之成为一种习惯、一种自觉、一种责任，使这个武器越用越灵、越用越有效果。”[②]在党员干部党性修养中，批评与自我批评是落实”照镜子、正衣冠”要求的关键抓手。习近平总书记强调，要通过这一武器”清除党内政治灰尘和政治微生物”，确保党的先进性与纯洁性。

毛泽东曾深刻指出，道德修养的本质是一场内心世界里两种道德观念的较量，这种“自我思想斗争”，主要依赖于个体内部的自我斗争，即自我批评，而非仅仅依靠外在的约束与形式。因此，批评与自我批评不仅是党的优良传统与宝贵财富，更是新时代背景下，提升党员干部道德境界、维护党的行进性、纯洁性、确保党永葆生机与活力的重要法宝。能否严谨地进行自我反思，构成了中国共产党与其他政党之间一个鲜明的区分标志。

习近平总书记曾指出：“党内批评总是要在一定的场合内进行，而‘吾日三

① 刘少奇. 刘少奇选集(上卷)[M]. 北京：人民出版社，1981：132.

② 习近平. 在党的群众路线教育实践活动总结大会上的讲话[N]. 人民日报，2014－10－09.

省吾身’，自我批评则与我们个人如影随形，是最及时、最管用的思想武器。”“我们常讲，领导干部要自重、自省、自警、自励，这‘四自’要求，就是对自我批评的要求。”[①]由此可见，缺失了自我反思，官德修养便如无源之水，难以维系。中国共产党党员的政治品德锤炼，是以“猛药去疴”的决心推进自我革命的过程。党员干部须将党性修养作为终身课题，既通过民主生活会”照镜子、正衣冠”，又依托《中国共产党纪律处分条例》(简称《党纪处分条例》)强化纪律约束，实现思想淬炼与行为改造的统一。鉴于此，各级党员干部在加强官德修养的道路上，应自发、积极地投入自我反思之中，主动查找并纠正自身存在的薄弱环节、不足之处及错误行为。党员干部需以《中国共产党廉洁自律准则》(简称《廉洁自律准则》)为遵循，通过“自我革新”破除思想桎梏、以“自我约束”严守纪律底线，并主动接受民主生活会等组织监督。习近平总书记强调，“党纪学习教育需转化为思想自觉”，要求将“自重、自省、自警、自励”的“四自”要求贯穿日常，同时依托中央八项规定等制度实现“全面清扫思想灰尘”。《诗经》以“切磋琢磨”比喻道德修养的互动性，其精神内核与党内批评制度存在逻辑呼应。对于那些在思想道德、组织纪律上有所欠缺，甚至已处于错误边缘而自我修养不足的干部，相互间的批评有助于使其“悬崖勒马”。因此，在官德修养的过程中，应积极开展批评与自我批评，摒弃批评与自我批评中的好人主义倾向，避免在批评上级时流于形式、批评同级时保持沉默、批评下级时言之无物等现象。上下级之间应抛却身份顾虑、坦诚相见，毫无保留地提出意见。在专题民主生活会和组织生活会上，要勇于揭短亮丑、直面问题、直击要害，点中要害、触及痛点，需“红脸出汗、排毒治病”，从而达到治病救人、鼓舞士气的效果，需强化批评与自我批评的实践导向，不断提升官德水平。

三是，自律与法律相结合。马克思主义认为，道德作为社会意识形态“归根到底是从人们的经济关系中生发出来的”。党员干部政治品德的培育，既要遵循”法律是成文的道德”原则，将《廉洁自律准则》内化为行为准则，又需依托《中华人民共和国公职人员政务处分法》等制度强化他律约，实现德治与法治的有机统一。曾国藩深受中国传统儒家文化的滋养，坚信人性本善，他主张通过个人的自律来实现官员的道德治理，这一理念深刻体现了中国传统儒家文化的内外兼修与自我约束精神。新时代党员干部政治品德建设需以党的自我革命精

① 习近平. 之江新语[M]. 杭州. 浙江人民出版社，2007：105.

神强化党性修养，同时完善党内法规与国家法律衔接机制。一方面，通过民主生活会“照镜子、正衣冠”，将《廉洁自律准则》转化为行动自觉；另一方面，落实《中华人民共和国公职人员政务处分法》等制度强化“制度铁笼”约束力，实现“不想腐”与“不能腐”协同发力。

实践经验表明，党员干部高尚道德品质的塑造，是在党纪法规约束与个人自我约束的双重作用下逐步完成的。自律作为一种崇高的道德境界，同时也是道德修养中最基础且最为有效的途径。它并非依靠制度约束或法律条文，而是源于个体内心深处的道德法则，体现在对道德理想的追求、行为上的自我控制以及社会生活中的自我约束。

马克思主义理论强调，“道德应基于人的理性自觉（自律），而非宗教或政治权力的外在强制（他律）”①。社会学研究指出，有效的社会控制需激发个体道德自觉，最为有效且持久的控制方式并非外在的强制，而是激发个体内在的自发控制力。这不仅是自律的体现，更是高度道德自觉的展现。因此，通过自律机制实现自重、自省、自警、自励，对于领导干部而言更应如此。

在市场经济环境中，权力往往成为利益输送的筹码，因此权力具有极大的诱惑和腐蚀作用。孟德斯鸠有句名言：无约束的权力必然导致腐败，绝对的权力引发绝对的腐败；道德无法有效约束权力，唯有权力才能制约权力。在社会主义市场经济体制下，道德教育对权力运行的约束作用存在局限性。

曾国藩的官德修养理念以“慎独主敬”为核心，通过日课实现道德内化，但其治理实践同时依赖刚性约束：湘军以“不扰民”为铁律，赈灾通过制度协作保障实效，表明其并非单纯依赖自律。现代官德建设需以党纪国法为底线（如《党纪处分条例》细化“八小时外”行为规范），同时强化“自重、自省、自警”的内生动力，实现法理约束与道德自觉的有机统一。市场经济环境下，官德修养需以“政治信念坚定”为基石，应对利益格局调整带来的挑战，坚守“为政以德”的传统政治智慧。领导干部需在资源配置中贯彻公平原则，以“常思贪欲之害”强化廉洁意识，避免权力寻租。将“官德”纳入干部考核体系，通过“批评与自我批评”等党内制度实现自律与他律的统一。落实“三严三实”要求，推动官德建设与法治化治理深度融合。

美国于1978年颁布《政府道德法》，1989年修订《从政道德改革法》强化财

① 马克思恩格斯选集(第1卷)[M]. 北京：人民出版社，2012：15.

产申报制度，并配套《联邦贪污对策法》《政府工作人员道德准则》等法规。部分国家（如加拿大、英国、日本等）亦建立了公职人员廉政法规体系。与此同时，国外还建立了完善的道德监督和惩戒体系，对官员的道德行为进行严密监督，并对违反官德的行为进行调查、核实和相应的纪律惩戒与司法追责。例如，美国联邦政府设立了专门的道德建设指导机构——政府道德办公室（Office of Government Ethics），联邦政府各部门也设立了道德官员办公室，而地方各州、市则设立了道德署或道德委员会。这些机构的主要职责是制定和修订公务员道德准则，开展道德教育和培训，以及接受道德方面的咨询等。

然而，官德法治化并不意味着完全以法律规范取代道德规范。它并非"法代德（以法律替代道德）"，而是"法促德（以法律促进道德建设）"。其根本目的在于通过立法明确官员道德责任（如财产申报、利益回避），形成"法律倒逼自律"的约束机制，逐步实现法律规范向道德自觉的转化，逐步实现法律的内化，将法律要求升华为一种道德品质和价值理念，真正内化于心。

习近平总书记针对市场经济背景下的官德建设强调，法德协同：领导干部需"明大德、守公德、严私德"，以《党纪处分条例》划定行为红线，形成"不敢腐"的震慑；监督合力：通过党内监督条例构建"巡视巡察＋群众举报"的全方位监督网络，确保权力规范运行；制度托底：党的十六届三中全会"教育、制度、监督并重"方针，在新时代发展为"党性党风党纪一起抓"的治理体系，中央八项规定通过"案例通报＋长效机制"实现作风建设标本兼治。2016 年修订的《中国共产党党内监督条例》和 2018 年修订的《中国共产党纪律处分条例》，为加强党的各级干部官德修养提供了法治保障。深入贯彻实施两个"条例"，充分发挥其规范行为的导向作用、制约权力的监督作用、保护干部的预防作用、惩治腐败的警示作用，对领导干部的从政行为加以限制和规范，必将有力地推进领导干部的官德修养建设。当前官德修养工作应紧密遵循习近平总书记的重要论述，超越传统儒家"自省"的局限，既要"正人"（将《党纪处分条例》学习纳入党委理论学习中心组必修课，强化纪律自觉），也要完善党内法规体系。法律机制与监督体系建设：我国持续完善权力监督法律框架，通过"法定职责必须为、法无授权不可为"明确权力边界，并推进"不敢腐、不能腐、不想腐"的协同机制建设。权力运行需"在法治轨道上行使"，通过法律约束与道德教育结合，实现"思想防线与制度防线"双重保障。官德立法路径。此外，需进一步发挥舆论监督与社会监督合力，通过规范网络舆情管理、强化媒体责任，推动权力运行公开透明；健全党员干部政治品德考核机制，将政治纪律、法治素养与群众满意度纳入评价维度，实现制度约束与党性教育的协同深化，逐步实现自律与他律的有机融合，不断创新官德修养的方法和途径，从而全面提升领导干部的道德品质和职业素养。

四是，自我修养与群众路线相结合。曾国藩的修身实践以“自省自律”为核心（日课四条、慎独主敬），辅以“士大夫圈层监督”（师友规过、幕府评议），但未突破传统儒家的精英治理框架。其“师友相助”局限于士大夫阶层，缺乏与普通民众的互动机制，与当代“群众路线”强调的广泛社会参与存在本质差异。

市场经济环境下，官德修养需以“为民宗旨”为根本导向，将群众路线融入道德实践，通过“主动接受群众监督”实现“权为民所用、情为民所系”。党员干部应摒弃传统封闭式修养模式，依托“法治化监督”和“制度化约束”，推动道德规范从“个人自律”向“社会共治”转化。官德建设需以“群众满意度”为价值尺度，通过“三严三实”（严以修身、严以用权、严以律己）要求，确保道德修养与群众利益高度统一。纪检监察机关应完善“群众参与式监督”机制，例如建立基层廉政观察员制度，形成“干部—群众”双向互动的道德评价体系。革命战争时期“与群众同甘共苦”的传统，已转化为新时代“常思贪欲之害、常怀律己之心”的党性锤炼要求，为干部抵御市场经济诱惑提供精神支撑。

毛泽东同志在《湖南农民运动考察报告》中深刻指出：“群众是真正的英雄，而我们自己则往往是幼稚可笑的”。习近平总书记强调：“群众的眼睛是雪亮的，要坚持开门纳谏，把群众意见作为改进工作的镜子”，并在党的群众路线教育实践活动中明确要求“以百姓心为心，把群众满意作为根本标准”。新时代党员干部政治品德建设必须坚持“从群众中来、到群众中去”的工作方法，将党性教育与制度监督相结合，确保权力运行始终符合人民利益。

党员干部在自我修养中需坚持主导性与开放性相统一：主导性根基：以政治修养为首要任务，坚定政治立场、政治方向，将“两个维护”贯穿于履职全过程；开放性实践：通过民主生活会、基层调研等机制广泛听取群众意见，对非恶意的批评建议优先采取教育引导、沟通解释；制度保障：落实《中国共产党党内监督条例》中“党内监督与群众监督相结合”要求，完善信访举报、巡视巡察等群众参与渠道，确保工作成效由群众评判。

五是，重点突破与长效治理相结合。反腐败斗争的方法论定位：官德修养提升需坚持“重点突破与长效治理相结合”，既要针对“四风”问题开展专项整治（歼灭战），也要通过制度完善形成“不敢腐、不能腐、不想腐”的长效约束（持久战)。反腐败斗争的长期性特征:党的二十大强调“全面从严治党永远在路上”,要求以“钉钉子精神”持续纠治腐败,这与《论持久战》中“量变质变规律”高度契合——反腐败需在“阶段性成果积累”中实现“根本性胜利”。党性修养的实践路径:党员干部需将“三个务必”融入官德建设,既要在重大风险挑战前敢于“刀刃向内”(歼灭战),也要在日常工作中恪守“严以用权、严以律己”的底线思维(持久战)。

党员干部政治品德建设需坚决抵制官僚主义、特权思想侵蚀,以党的自我革命精神深化党性教育。习近平总书记强调:“作风问题具有顽固性,必须抓常、抓细、抓长”。新时代党员干部要以党章为镜、以党纪为尺,通过批评与自我批评“扫除思想灰尘”,在长期实践中实现政治品格的淬炼提升。镜子要常备常照,衣冠要常整常正,身心要常洗常新,疾病要早治早愈。各级干部应以踏石留印、抓铁有痕的坚韧精神,持之以恒、循序渐进地推进官德修养,确保每战必胜,积小胜为大胜,善始善终、善作善成。铭记“勿以恶小而为之,勿以善小而不为”,唯有注重每一个细节,方能成就高尚的品德。

二、曾国藩家训道德教育之道的当代启示

(一) 曾国藩家训道德教育内容的当代启示

体现为:外在引导机制:通过家书、身教传递道德规范(如“家俭则兴”的勤俭观);以严格家规约束行为(如“夜不出门”“读书不二”)。内在修养路径:要求子弟“慎独主敬”,通过日课制度培养自律习惯;强调“克己复礼”,将道德内化为人格追求(如“不为圣贤,便为禽兽”的自勉)。

曾国藩提出的“慎独”强调“养心之难,又在慎独”,其核心是通过“内省不疚”实现道德自律,这一理念为当前干部“严以修身”提供了历史参照。“推己及人”原则要求道德教育避免单向灌输,转而通过“以身作则”激发主体自觉性,例如将“日课四条”中的自省方法融入党员干部日常监督。道德教育的现代化转型路径:传统依附型道德(如被动服从)已难以满足“全面从严治党”对干部担当精神的要求,需构建“自律—责任—监督”三位一体的教育体系。自主型道德教育需以“三严三实”为实践框架,通过“慎独”强化干部对“权为民所用”的价值认同,推动道德规范从“制度约束”向“内心认同”转化。

学界研究认为,道德建设可分为内生驱动型与外源约束型两种路径:前者

以理想信念的内化自觉为核心，强调党员干部对政治品格的自主锤炼；后者则依托制度规范与社会监督形成外部压力。基于这一理论框架，新时代党性教育创新需立足中华优秀传统文化中“修己以安人”“君子慎其独”等道德内生的思想精髓，与社会主义核心价值观深度融合，引导党员干部在自我净化、自我完善中实现政治觉悟的升华。习近平总书记强调：“党性教育是共产党人修身养性的必修课，也是共产党人的‘心学’。”这一重要论断深刻揭示了道德内化与制度外塑的辩证统一，为新时代党员干部政治能力建设提供了根本遵循。

陀思妥耶夫斯基在《罪与罚》中通过拉斯柯尔尼科夫的精神救赎，揭示了内在道德自律对实现自由的核心意义。主人公因杀人陷入自我审判，最终通过良心觉醒（而非法律惩罚）获得救赎，印证了“有良心的人会因道德痛苦实现自我净化”。这一过程指向“伦理学自由”的本质：唯有通过道德自律，才能摆脱精神枷锁。马克思主义关于人的学说强调“人的主体性”与“全面发展”，认为道德教育应服务于人的解放（如《德意志意识形态》中“人的自由发展”目标）。其核心是摒弃异化劳动，通过社会实践实现“人的本质力量的全面发展”

道德教育是以“个体社会人格塑造”为目标的活动，其核心在于通过“知情意行统一”的路径，推动受教育者将外在规范转化为“自律—责任—实践”的品德结构。自主性教育的实践路径需构建“具身化”教育模式：通过情境体验（如志愿服务）、行为操练（如规则内化）强化个体“选择—认同—内化”能力，避免“离身式”知识灌输的局限性。现代德育的“人本化”特征要求教育者尊重个体差异，通过分层引导（如分年龄段的德育内容）实现“道德认知理性与情感动力”的平衡。修身自律的功能定位：自律是连接“道德认知与行为”的桥梁，《教育学原理》将其定义为“品德形成的动力条件”，缺失自律将导致“知而不行”的教育失效。需将“严以修身”纳入德育评价体系，例如建立“日常行为记录—周期性反思—阶段性评估”的闭环监督机制。

道德作为人类社会独有的社会联结方式，其主体自然是人。道德作为社会意识形态，其本质体现为社会经济关系的反映、非强制性规范的内化与实践精神的统一。新时代道德教育需以社会主义核心价值观为引领，既发扬中华优秀传统文化中“修己以安人”的自觉精神，又强化法治外塑与制度约束，实现自律与他律的辩证统一。正如习近平总书记指出的：“法律是成文的道德，道德是内心的法律。”这一科学论断为构建德法共治的现代化治理体系提供了根本遵循。

传统道德教育的局限性：施教者主导模式下，教学方法单一化（如“课堂中心”“教材中心”），忽视学生实际需求与差异化发展；过度强调外部规范灌输，导致道德教育脱离生活实践，削弱学生的参与感与认同度。当代转型方向：以学生为中心：通过自主学习、情境化教学（如辩论、模拟）激发学生主动性；全面发展导向：将德育目标与个体成长结合，例如通过劳动教育、社会实践培养责任意识；教师角色重构：从“知识传递者”转向“引导者”，在尊重学生主体性的同时发挥价值引领作用。

个体化德育的实践框架：现代德育需立足“学生主体性发展”，通过差异化教学（如分层德育目标）与个性化指导（如生涯规划融入德育），实现“共性规范要求”与“个性成长需求”的平衡。启发式教育的实施路径：构建“问题导向—自主探究—行为反馈”的教育闭环，学生在承担责任中强化“自立—自律—奉献”的品德结构。

道德内化的评价标准：建立“认知测试（如价值观辨析）＋行为观测（如日常操行记录）＋自我反思（如成长档案）”的多元评价体系，避免单一知识考核的局限性。道德教育通过引导个体内化社会规范，使其在道德实践中实现精神满足与自我成长。这种内化过程并非否定规范的约束性，而是将社会主义核心价值观转化为内生动力，使道德实践既符合社会期待，又满足个体对幸福、自由的追求。当前道德建设需坚持德法共治原则，推动自律与他律、内生驱动与外源约束的有机统一。

（二）曾国藩家训道德教育方法的当代启示

曾国藩家训中开展道德教育的方法有鲜明特点，这可以为当代道德教育提供方法启示。借鉴曾国藩家训道德教育方法，我们需要将道德教育的方式从单向的灌输转变为双向的互动模式。

曾国藩巧妙地利用家书这一工具，以情感调控和引导为基础，实现了情理并重的教育效果。即便在战事紧张、个人安危未卜的时刻，他仍不忘对后辈的深切关怀和悉心指导。从他留下的近一千五百封家书中，我们可以看到他与子弟之间的交流充满了深情与智慧，日常的话语中蕴含着深刻的道理，具有说服力、感染力。他的高明之处在于，通过情感的交流和理性的启发，与子弟达成了思想上的共鸣，从而通过长期互动逐步引导其道德认知深化。曾国藩家书中的部分训诫（如过度强调“谦抑”）需结合现代平等价值观批判性继承，但其“主体间性”沟通逻辑（教育者与受教育者双向互动）仍具现实意义。但这种交互式沟通的方法对当代道德教育工作具有重要的启发意义。

新时代思想道德教育需贯彻习近平总书记“坚持主导性与主体性相统一”的重要论述，在守正创新中提升育人实效。既要发挥教育者的政治引领作用，善用“议题式研讨”“情景式教学”等互动载体；也要深化中华优秀传统文化中“因材施教”“知行并进”等教育智慧的现代转化，推动单向传导向双向共鸣升级。同时须始终坚持“内容为王”，避免陷入“为互动而互动”的形式主义陷阱。

思想道德教育主管部门需构建即时化、场景化的交互机制，通过包容性对话机制与共生性价值引导，在主体间性互动中增强受教育者的主体尊严认同，拓展公共理性话语场域。

通过双向互动开展思想道德教育，能够在对话中高效实现教育目标。信息化时代需重点运用“微媒介”工具，借助其即时互动特性，使话题快速吸引网民参与讨论，通过思想表达与情感交流推动平等对话，促进参与者相互启发、共同提升。“微媒介”凭借广泛受众、快速传播及自然亲切的交流形式，打破沟通壁垒，减少强制灌输，引导公众在思想互动中自觉接受教育，实现从“线上交流”到价值认同的转化，显著增强教育实效性。网络意见领袖作为新型教育主体，在思想道德教育中具有独特传播优势。我们需在党的领导下建立分类引导机制：重点培育高校教师、模范党员等红色意见领袖，依托主流平台扩大影响力；运用大数据监测其言论倾向，构建良性互动机制；鼓励思政教师与优质意见领袖合作开发融媒体产品，实现主流价值与网络话语融合。同时须警惕“唯流量论”，始终坚持以社会主义核心价值观引领双向沟通，确保网络空间清朗。

曾国藩的情感濡化策略揭示了道德教育中认知内化机制的重要性，当代教育应构建显性规范传导与隐性情感共鸣的双轨耦合机制。传统权威训导虽能产生短期行为规训效应，但易触发认知失调下的心理阻抗（参照费斯廷格认知失调理论），而依托情境濡染的隐性教育可通过镜像神经元作用实现价值观的稳态迁移（如道德叙事、榜样示范等具身化实践）。

曾国藩通过家书、日记等载体，以以身作则、环境熏陶等隐性教育手段对子弟施加影响，其教育实践成效显著。当代道德教育可借鉴这一经验，构建显性教育与隐性教育融合的新模式。隐性教育通过不易察觉的方式（如寓教于学、寓教于乐、寓教于行）渗透至受教育者的思想行为中，规避强制灌输的弊端，以隐蔽意图、委婉方法增强教育渗透力，降低抵触情绪。正如苏霍姆林斯基所言：“教育意图越隐蔽，越能转化为受教育者的内在需求。”新时代需立足个体自主意识,强化渗透式、陶冶式等隐性教育方法,提升道德教育的实践效能。

曾国藩德育思想彰显具身化示范的场域效应,其“身教垂范”实践(如“决不留银钱与后人”的家族治理范式)通过镜像神经元触发观察学习机制(参照班杜拉社会学习理论),较之显性训导更易实现道德图式的神经编码。基于生态心理学视角,其“环境濡染”策略(含家风营造、社群规约等隐性能量)构建了布迪厄所称的习性养成场域,使“勤勉自立”价值内化突破科尔伯格道德认知发展的阶段性限制(如“孟母三迁”蕴含的环境教育学原理)。该体系印证:道德习得不依赖言语灌输强度,而取决于示范源的信度系数与环境刺激的持续性阈值。

新时代可借鉴曾国藩环境熏陶理念,通过建设博物馆、红色旅游基地等直观教育场所,构建积极向上的社会氛围,使受教育者在无形中获得道德启迪。同时创新活动形式,将道德教育融入生活场景,打造健康德育生态。借助微信、微博等平台开展平等对话,以真挚情感与理性见解替代空洞说教,实施“润物无声”的隐性教育。通过隐性教育(如情境渗透)与显性教育(如理论阐释)的有机融合,实现以情动人、以德育人,显著提升道德教育实效。

(三) 曾国藩家书道德教育体系的当代启示

在汲取曾国藩家训道德教育智慧的基础上,我们需对当代道德教育体系进行创新,笔者认为可以由传统的“三结合”模式进化为“以家庭教育为根基,学校教育为引领,社会教育为辅助,自我教育为核心”的“四结合”新框架。自我教育在道德教育体系中具有枢纽作用,其通过激发主体能动性实现教育目标的内化,成为联结家庭、学校、社会教育成效的关键。内因主导与外因协同的辩证关系体现为:家庭通过榜样示范与情感浸润(如诚信品质的观察模仿)、学校通过系统性社会化引导、社会通过文化情境熏陶,共同为自我教育提供支持性环境。这一逻辑与皮亚杰道德发展阶段理论中“从他律到自律”的转化规律高度契合。

学校作为立德树人核心阵地,须将道德教育贯穿思想政治教育全过程,构建“五育融合”培养体系。家庭教育通过情感纽带和生活化场景,奠定青少年道德认知基础,需与学校、社会协同落实《新时代公民道德建设实施纲要》的“三位一体”育人要求。社会教育可依托新闻媒体、共青团等组织,通过“行走的思政课”等实践载体,在坚持社会主义核心价值观前提下吸收国际有益经验,形成中国特色道德教育模式。

三、曾国藩家训读书治学之道的当代启示

（一）树立“立德立言”的读书治学目标

“立德立言”作为读书治学目标，既体现了对个人精神世界的追求，也符合社会发展的需要。它要求我们在读书治学的过程中，不仅要注重知识技能的提升，更要注重道德修养的培养和诚敬学习态度的养成。只有这样，我们才能真正实现个人价值与社会价值的统一，成为既有深厚学识又有高尚品德的优秀人才。

曾国藩的读书治学观以“立德立言”为终极目标，构建了“谋生立身—经世致用—进德修身”的三重递进体系。其治学理念反对将科举应试作为单一追求，强调学问需“经世致用”，即解决社会实际问题（如农工商实务）；更高层面则指向精神修养，通过“静、敬、涤、恒”的治学方法实现“变化气质”，最终达成“内圣外王”的人生境界。这种层级性目标设计，既体现了儒家“修身齐家治国平天下”的传统逻辑，又契合现代教育中知识学习与人格培养的统一性要求。

在人的全面发展进程中，可借鉴传统修养智慧与马克思主义理论的融通性。以曾国藩的修身实践为例，其强调的“进德修身”与马克思主义“精神层面发展”存在价值共鸣，但需注意二者在理论基础（儒家伦理/唯物史观）与实践路径（个体修养/劳动实践）的本质差异。现代语境下，精神修养应置于社会主义核心价值观框架中，通过“劳动教育一社会实践一文化浸润”三位一体模式，实现个人价值与社会价值的辩证统一。

曾国藩治学思想的首要启示在于确立德业并重的目标体系。其家训强调读书治学须以“进德修业”为根本追求（《曾国藩家书·道光二十二年九月十八日》），其中“进德”指向“孝悌仁义”的道德养成，“修业”涵盖“诗文作字”的学术精进，二者构成“德业相济”的闭环结构。曾氏“不为圣贤，即为禽兽”的立身准则（《曾国藩日记·咸丰元年七月》），将宋代理学“居敬穷理”思想转化为“格物-诚意-修身”的实践路径，通过“临眠自省”“悔字如春”等具象方法，使“诚敬”态度从道德认知升华为行为自觉。这种“明德新民”的治学观（《大学》），既承袭了《论语》“有德者必有言”的教化传统，又通过“勤恒并进”的“工夫论”（《曾国藩家训·谕纪泽》），为当代破解知识技能与道德修养割裂

的困境提供了历史镜鉴。

（二）有识方能立德立言

“有识方能立德立言”不仅是对个人道德学识和修养的要求，更是对道德教育目标的深刻阐述。它要求我们在读书治学的过程中，不仅要注重道德认知深化，更要注重独立思考能力的培养和道德实践精神的激发。只有这样，我们才能真正实现个人价值与社会价值的统一，成为既有深厚道德学识又有高尚品德的优秀人才。

从曾国藩的读书治学观中，我们可以深刻领悟到“有识”是立德立言的根基，这一逻辑与“三不朽”体系中以德为先、以学为基的传统一脉相承的精髓。

曾国藩在《曾国藩家书》中提出读书治学“第一要有志，第二要有识，第三要有恒”的核心理念。其中“有识”强调破除认知局限、保持谦逊态度（如“不敢以一得自足”），其内涵既包含对学问广度的认知，也指向独立思考能力的培养。从现代道德教育视角看，“有识”可引申为道德认知的持续深化与批判性思维的构建，这为个体形成稳定的价值判断体系奠定了基础。需注意的是，将“有识”直接等同于“立德立言的唯一前提”属于学术延伸解读，严谨表述应为“深厚的道德学问素养为立德立言提供重要支撑”，同时需结合新时代要求，强调在传承传统修身智慧中融入社会主义核心价值观的引导作用。

曾国藩强调，欲成大事者，除了要有大志，还必须有丰富的道德学识积淀。这种道德学识积淀不仅要有一定的道德知识积累，还要有突破认知边界的道德洞察力，永不满足于已有的道德认知，持续通过阅读、思考和实践来深化道德理解、提升道德境界。然而，道德学识的积淀并非仅仅停留在知识的积累上，更重要的是通过“主敬”与“习劳”实现知行合一。

曾国藩希望子弟们通过阅读道德经典和遵循优秀道德典范，吸收其中的道德精神和价值观念，将之内化为自己的道德信念和行动准则，融化于自己的行为和品德之中。这种阅读的内化不仅有助于品德塑造，还有效促进了道德实践能力的提升，这一传统教育理念对新时代青少年德育具有启示意义，可与劳动教育、社会主义核心价值观培育相结合。

在曾国藩看来，阅读道德经典和实践道德准则是一种知识的积累和道德的磨炼过程，是对人的一种道德内化过程。通过量的积累来开阔心胸、丰盈心灵、醇化修养，为“立德”打下良好的基础。当然，仅有阅读的积累是不够的。

曾国藩对“立德立言”的另一个认识是要有质疑和辨析经典真伪的精神。他提倡对道德经典和道德观念有所质疑、有辨析真伪的能力，强调保持个人独立的道德辨析力和洞察力。在他看来，读书和实践的过程更是一种道德认识和道德思考的过程，只有这样才能厚积薄发，才能真正养得有识之气。他强调在道德实要有自己的道德见解和道德判断力的实践创新，这才是“识”的最终体现。

在当代道德教育的过程中，对“有识”的认知应该给学生更大的发挥空间。让学生在阅读中学会容纳辨析更多不同的道德观点，理解不同的道德实践情境，发现不同道德教育载体的特点，能够自己主动思考判断，并外化为道德认知。最终，道德教育的目标应该是激活学生的道德思维，培养学生的道德实践能力，指向的是养护学生的道德个性和道德的判断力。

（三）培养良好的阅读习惯

曾国藩对子弟们的阅读习惯高度重视，他不仅开列阅读书目，还亲自指导阅读方法和文体分析，强调阅读要先通过积累内化知识，然后将其应用到实际生活之中，常通过写作检验所学。这种阅读观强调了阅读主体的主体性实践，以及养成有恒有常的良好的整本书阅读习惯的重要性。

这种阅读观对于培养良好的道德习惯同样具有指导意义。良好的阅读习惯有助于个人精神品格的形成和情感体验的丰富。阅读不仅是对知识的获取，更是对人生哲理、道德观念的领悟和“体认-践行循环”。通过阅读，人们可以接触到各种道德典范和道德观念，从而受到启发，提升自己的道德境界。

个体阅读习惯的养成和周围的环境有很大的关系，因此，营造一个良好的阅读环境至关重要。曾国藩特别强调了读书治学的师友环境，认为这种环境的好坏关系到一个人的成长成才。同样地，在当今社会，良好的读书治学环境对于培养阅读习惯和道德习惯具有重要影响。当前全民阅读推广面临结构性矛盾：国务院《全民阅读促进条例》要求家庭、学校、社会协同构建书香环境，但《中国儿童青少年阅读现状与需求调研报告》（2023 年 12 月发布）等权威研究显示超半数中学生日均课外阅读不足半小时，且 62.8%的阅读行为聚焦教辅材料。这种应试导向的浅层阅读模式导致青少年整本书阅读能力下降至 12.7%（中国社科院，2023）。破解这一困局需落实“双减”政策要求，将经典阅读纳入课后服务体系，通过“1＋X”（1 本经典，X 本关联文本，X≤5）群文阅读模式提升深度阅读能力,同时建立“阅读素养档案”评价机制,推动阅读从知识积累向精神境界提升转化,助力青少年在文化传承中系统培育“认知传统、理解中国、面向世界”的新时代家国情怀。

为了培养良好的道德习惯,我们应该从社会到家庭到个体,都注重养成良好的阅读氛围,塑造良好的环境。家长和教师应该鼓励学生多读书、读好书,培养他们的阅读兴趣和阅读习惯。同时,学校和社会也应该提供更多的阅读资源和阅读活动,为学生创造一个良好的阅读环境。只有当我们真正将阅读作为一种享受和追求时,我们才能在阅读中汲取营养、提升自我、塑造心灵,并最终实现个人价值与传承优秀文化的统一。

《曾府三杰图》

《曾府三杰图》为后世赞誉曾国藩家族功绩的纪念性画作，居中为曾国藩，左为其弟曾国荃，右为其子曾纪泽，体现“兄弟同勋，父子继业”的儒家伦理。两侧对联“欹枕旧游来眼底，掩书余味在胸中”系集南宋陆游诗句，既追怀湘军旧友，亦寄托曾国藩“知行合一”的治学理念。

参考文献

[1] 李鼎芳. 曾国藩及其幕府人物[M]. 长沙：岳麓书社，1985.

[2] 钱基博. 近百年湖南学风[M]. 长沙：岳麓书社，1985.

[3] 章继光. 曾国藩思想简论[M]. 长沙：湖南人民出版社，1988.

[4] 罗国杰. 伦理学[M]. 北京：人民出版社，1989.

[5] 李荣泰. 湘乡曾氏研究[M]. 台北：台湾大学出版委员会，1990.

[6] 成晓军. 曾国藩与中国近代文化[M]. 长沙：湖南人民出版社，1991.

[7] 于钦波. 中国德育思想史[M]. 长春：吉林教育出版社，1993.

[8] 梁启超. 清代学术概论[M]. 北京：东方出版社，1996.

[9] 唐德刚. 晚清七十年[M]. 台北：远流出版事业股份有限公司，1998.

[10] 张锋，天舒. 人镜：曾国藩的人生智慧[M]. 呼和浩特：内蒙古人民出版社，2002.

[11] 金生鈜. 规训与教化[M]. 北京：教育科学出版社，2004.

[12] 寥小微. 内圣外王曾国藩[M]. 北京：中国戏剧出版社，2005.

[13] 李育民. 曾国藩传统文化思想研究[M]. 长沙：湖南师范大学出版社，2006.

[14] 张昭军. 晚清民初的理学与经学[M]. 北京：商务印书馆，2007.

[15] 张宏杰. 曾国藩的正面与侧面[M]. 北京：国际文化出版公司，2011.

[16] 董丛林. 中国近代思想家文库·曾国藩卷[M]. 北京：中国人民大学出版社，2014.